C.H.BECK ■ WISSEN

W0078650

Dieser Band bietet eine systematische und allgemeinverständliche Einführung in philosophische Fragestellungen der Physik und ihre historische Entwicklung. Er beginnt mit der Darstellung wichtiger Stationen der Physikgeschichte in der Antike, der Frühen Neuzeit und den vergangenen zwei Jahrhunderten und zeigt an ihnen zentrale erkenntnistheoretische Merkmale der Physik auf. Diskutiert werden typische Erklärungsstrategien, die Rolle von Experimenten und Vorhersagen, das Vorgehen bei der Begriffs- und Theoriebildung und die Bedeutung der Mathematik.

Norman Sieroka wurde in Physik und in Philosophie promoviert. Er ist Privatdozent für Philosophie an der ETH Zürich.

Norman Sieroka

PHILOSOPHIE
DER PHYSIK

Eine Einführung

Verlag C.H.Beck

Philosophische Einführungen
in der Reihe C.H.Beck Wissen

Otfried Höffe: Ethik
Albert Newen: Philosophie des Geistes
Klaus Kornwachs: Philosophie der Technik
Dietmar von der Pfordten: Rechtsphilosophie
Pirmin Stekeler-Weithofer: Sprachphilosophie
Holm Tetens: Wissenschaftstheorie

Weitere Bände in Vorbereitung

Originalausgabe
© Verlag C.H.Beck oHG, München 2014
Satz: Fotosatz Amann, Memmingen
Druck und Bindung: Druckerei C.H.Beck, Nördlingen
Umschlagentwurf: Uwe Göbel, München
Printed in Germany
ISBN 978 3 406 66794 7

www.beck.de

Inhalt

Vorwort

Eine kurze Einführung in einen Wissenschaftsbereich zu geben, bedeutet immer auch, sich für bestimmte Schwerpunkte zu entscheiden und – wenn das Ziel eine geschlossene Darstellung sein soll – seinen eigenen «roten Faden» zu finden.

In diesem Sinne versucht der vorliegende Band eine möglichst einheitliche Einführung in philosophische Fragestellungen der Physik zu bieten. Dabei liegt der Fokus auf erkenntnistheoretischen Fragestellungen und auf deren historischer Entwicklung. Der Blick in die entsprechenden Episoden der Geschichte ist wichtig, um die Dynamik der Erklärungsstrategien und der Begriffs- und Theoriebildung, wie sie für die Physik typisch ist, adäquat zu verstehen. Und für diese Entwicklung sind unter anderem diverse antike Autoren relevant, auch wenn die selbstredend keine «Physiker» in unserem heutigen Sinne sind.

Jede Schwerpunktsetzung geht mit Auslassungen einher. Das Folgende ist also nicht als Versuch gemeint, eine allgemeine Geschichte der Physik zu schreiben. Dementsprechend gibt es eine Reihe von wichtigen Epochen, Theorien, Themenfeldern und Personen, die gar nicht oder nur am Rande behandelt werden. Dem einen mag das Mittelalter oder die über viertausend Jahre alte chinesische Astronomie sträflich vernachlässigt vorkommen, dem anderen fehlt bei der Darstellung der Quantenmechanik eine Diskussion der Bellschen Ungleichungen, dem dritten mag die Thermodynamik zu stiefmütterlich behandelt werden oder Einstein zu wenig erwähnt, der vierte hätte sich mehr über die Rolle der Beobachtung und die Entwicklung physikalischer Instrumente gewünscht usw.

Der Grund für diese Auslassungen und Verknappungen ist nicht, dass ich sie für generell irrelevant erachte. Der Grund ist schlicht, dass sie für die philosophische Fragestellung, die ich hier behandeln möchte, nicht so zentral und relevant sind wie bestimmte andere Personen, Epochen, Theorien und Themenfelder. Ebenso würde es den Rahmen des hier Darzustellenden sprengen, wollte man auf die (ohne Zweifel wichtigen) Veränderungen gesellschaftlicher Rahmenbedingungen und wissenschaftlicher Institutionalisierungen eingehen, in und unter denen seit der Antike Naturforschung und Physik betrieben wurde.

Solche Auslassungen und Verknappungen bergen die Gefahr, dass das, was dann dargestellt wird, wie eine lineare und triviale Erfolgsgeschichte der Physik wirken könnte. Dem hoffe ich entgegenwirken zu können u. a. durch die Verwendung von Begriffen wie «Motiv» und «Variation», die allgemeine Abwandlungen, aber nicht notwendigerweise fortlaufende Verbesserungen benennen. Bezeichnend sind in diesem Zusammenhang diejenigen nachfolgenden historischen Beispiele, bei denen neue physikalische Konzepte zunächst eingeführt, dann verworfen und später in ganz anderen Kontexten wieder aufgegriffen werden.

Eine weitere Schwierigkeit, gerade wenn man über eine der am stärksten formalisierten Wissenschaften schreibt, ist die Technikalität der Darstellung – oder, grob gesagt, die Frage: Wie viele Formeln dürfen im Text vorkommen? Im Haupttext kommen sehr wenige formale Ausdrücke vor, und diejenigen, die vorkommen, dienen allein der Illustration und übersteigen nie übliches Schulniveau. Da das Hauptaugenmerk dieser Einführung auf allgemeinen erkenntnistheoretischen Merkmalen und deren historischer Entwicklung liegt, erschien mir eine solch untechnische Darstellungsweise sinnvoll. – Für mathematisch und physikalisch stärker vorgebildete Leser habe ich zu einigen Stellen am Ende Anmerkungen ergänzt, um die formalen Bezüge jeweils etwas zu präzisieren. Für das allgemeine Verständnis des Haupttextes sind diese aber nicht relevant.

Hendrik Adorf, Timon Böhm, Hans Günter Dosch, Pascal Germann, Michael Hampe, Urs Hofer, Samuel Lang, Eckehard Mielke, Robert Prentner und Martin Schüle haben frühere Fassungen dieser Einführung gelesen und viele wertvolle Hinweise und Anregungen gegeben. Ich danke ihnen sehr herzlich.

Einleitung

Wie «funktioniert» eigentlich Physik bzw. physikalische Erkenntnis, und wie hat sie sich historisch entwickelt? Was zählt als gute Erklärung in der Physik? Wie hängen verschiedene Erklärungen (Modelle, Theorien) zusammen, wie hat sich das über die Jahrhunderte geändert, und was ist – mehr oder weniger – unverändert geblieben? Das sind die zentralen Fragen, denen dieser Band gewidmet ist und zu denen er einen kurzen Ein- und Überblick geben soll.

Auch wenn diese Fragen selbst philosophische sind, muss sich ihre Beantwortung doch eng am tatsächlichen «Tagesgeschäft» und an der Geschichte der Physik orientieren. Das unterscheidet die vorliegende Einführung von diversen anderen, in denen oft entweder eher innerphilosophische Fragestellungen im Vordergrund stehen (Begriff des Naturgesetzes, Status der Raumzeit u. ä.) oder auch die populäre Darstellung moderner physikalischer Theorien, insbesondere der Relativitätstheorie und Quantenmechanik.

Forschungsgegenstand der Physik

Wie sich im Folgenden zeigen wird, ist die Physik erkenntnistheoretisch in ihrer geschichtlichen Entwicklung stärker durch allgemeine Methoden und Erklärungsstrategien geprägt als durch konkrete Inhalte. Um das zeigen zu können und eben besser zu verstehen, wie Physik in diesem Sinne «funktioniert», ist es sinnvoll, mit einer Arbeitshypothese über den Untersuchungsgegenstand der Physik zu beginnen – auch wenn es schwerfällt, eine allgemeine und für alle verbindliche Antwort auf die Frage, womit sich «die Physiker» beschäftigen, zu geben. Denn die Breite physikalischer Subdisziplinen reicht von der Elementarteilchen-, über Tieftemperatur- und Festkörper- bis hin zur Medizinphysik; von der Quantengravitation über die Quantenoptik bis zur Theorie komplexer Systeme usw.

Für die Zwecke dieses Buches wird die Physik aufgefasst als *diejenige Wissenschaft, die den grundlegenden Aufbau (die Struktur und Zusammensetzung) und das Verhalten (die Wechselwirkung) von Materie untersucht.* Dabei ist der Materiebegriff selbst allerdings bis zu einem gewissen Grade offen bzw. unterstand und untersteht einem historischen Wandel.

Der Annahme, die Physik untersuche möglichst allgemein die Bestandteile materieller Objekte und die zwischen ihnen wirkenden Kräfte, wird wohl ein Großteil der heutigen Physiker folgen können – auch wenn diese Annahme sicherlich eher auf die Teilchenphysik passt als etwa auf die Medizin- oder Biophysik.

An dieser Annahme orientiert sich ab nun die Beantwortung der eingangs gestellten Fragen. Insbesondere eröffnet sie einen weiten Horizont über die historische Entwicklung der Physik. Denn, salopp formuliert, hatte es weder Aristoteles noch Newton mit spezifischen Fragen der Tieftemperaturphysik oder Quantenoptik zu tun, wohl aber mit aus ihrer Sicht jeweils grundlegenden Fragen des Aufbaus, der Struktur und des Verhaltens von Materie.

Zugegeben: Ginge es allein um das historische Alter von Theorien, so müsste man sicherlich mit Fragestellungen zu den Himmelsbewegungen beginnen. Allerdings – das wird hoffentlich im Verlauf der nachfolgenden Kapitel deutlich werden – würde sich von dort aus nur schwerlich eine Perspektive entwickeln lassen, die die gesamte erkenntnistheoretische Breite der modernen Physik in ähnlicher Weise abdeckt.

Themen und Motive dieses Buches

Es gibt einige zentrale erkenntnistheoretische Merkmale, die sich durch die gesamte Disziplingeschichte der Physik ziehen und um die es in den folgenden Kapiteln gehen wird.

Da ist zum einen die Mathematisierung, die historisch immer mehr zugenommen hat und die eng verknüpft ist mit dem Bedürfnis, eine Wissenschaft zu etablieren, die sich erfolgreich an

die Empirie anschließt. Zunächst werden vor allem Alltagser-
fahrungen qualitativ beschrieben, dann aber auf der Grundlage
gezielter Beobachtungen und Experimente immer mehr Phänomene auch quantitativ zunehmend präzise gefasst und erfolgreich vorhergesagt. Zugleich ist diese Mathematisierung verbunden mit einem eigentümlichen Wandel, den die Rolle der
Anschauung oder Anschaulichkeit und den auch der Begriff der
Kausalität im Laufe seiner Geschichte innerhalb der Physik
durchlaufen hat.

Zum anderen gibt es auch konkretere Merkmale bei den Beschreibungen des Aufbaus und des Verhaltens der Materie, die
sich ebenfalls durch die gesamte Disziplingeschichte ziehen. Es
sind dies insbesondere die bereits erwähnten Erklärungsstrategien. So wird beispielsweise seit der Antike auf Symmetrieprinzipien zurückgegriffen; es wird der Aufbau der Materie aus einfachsten Bestandteilen und über Ganzes-Teil-Relationen erklärt;
und es gibt seither eine Tradition, die versucht, die gesamte Physik geradezu zu einer Teildisziplin der Geometrie zu machen.

In Anlehnung an die Musik lässt es sich bei diesen Merkmalen von «Motiven» sprechen, da sie zwar immer wieder, aber
doch in jeweils leicht veränderter Form – also in «Variationen» – auftreten. So können die physikalischen Theorien von
Platon, Descartes und Einstein nicht formal eins zu eins auf-
einander abgebildet werden, gleichen einander aber dennoch in
wichtigen Aspekten ihrer Erkenntnisziele und Erklärungsstrategien. Die Mathematisierung selbst kann ebenfalls als ein «Motiv» begriffen werden. Trotz eines allgemeinen Trends hin zu
immer größerer Formalisierung gibt es nämlich kein konkretes
und einheitliches mathematisches Kalkül, auf das die Physik als
Ganzes seit Jahrhunderten zusteuern würde. Auch hier wird
«variiert».

Zum Begriff «Erklärungs*strategie*» ist noch anzumerken, dass
damit nicht notwendig ein *bewusstes* oder *reflektiertes* Verfolgen einer bestimmten Methode oder Zielsetzung des Erklärens
gemeint ist. Man kann Strategien durchaus unbewusst verfolgen – ähnlich wie man von einem Rudel Wölfe bei der Jagd sagen
mag, sie verfolgten (unbewusst) eine Strategie. Bemerkenswert

ist allerdings, wie stark und schnell sozusagen der «Jagderfolg» durch eine Bewusstwerdung von Strategien ansteigen kann. Wie sich zeigen wird, rührt die beeindruckende und beschleunigte Entwicklung der Physik seit der Frühen Neuzeit vielleicht auch daher, dass den Forschenden selbst die Möglichkeiten bestimmter Erklärungsstrategien und auch der Mathematisierung zusehends bewusst wurden und von ihnen somit präziser und pointierter eingesetzt und angewandt werden konnten.

Alle genannten erkenntnistheoretischen Motive werden unten in Teil II genauer dargestellt und daran anschließend Fragen nach der Einheit und Einheitlichkeit der Physik behandelt. Denn wenn es tatsächlich solch allgemeine Merkmale gibt, so die naheliegende Frage, sind dann die verschiedenen grundlegenden Theorien der Physik nicht auch inhaltlich miteinander verbunden? Lassen sich Quantenmechanik, Elektrodynamik, Relativitätstheorie, Thermodynamik usw. zu einem einheitlichen Theoriegebäude zusammenschließen, in dem man mathematisch exakt von einer Theorie zur anderen übergehen kann, in dem sich die eine Theorie auf die andere zurückführen lässt?

Der bereits erwähnte Anschluss an die Empirie wird ebenfalls genauer und systematischer zu betrachten sein. Denn auch die Rolle des Experiments und die Bedeutung von Vorhersagen haben sich historisch stark gewandelt.

Ganz am Schluss wird dann diskutiert werden, inwiefern all diese Motive Besonderheiten der Physik sind und dazu taugen, die Physik von anderen Wissenschaften abzugrenzen.

Doch um all das herausarbeiten zu können, benötigt man ein gewisses Ausgangsmaterial, eine «Datenbasis». Deshalb gibt Teil I zunächst einen Überblick über die Geschichte der Physik. Das geschieht allerdings immer schon mit Blick auf die Motive, um die es anschließend gehen soll. Auch wird die eben genannte Annahme vorausgesetzt, die Physik habe es mit der grundlegenden Struktur und dem Verhalten von Materie zu tun. Nicht zuletzt daran liegt es dann auch, wenn im Folgenden die Anfänge der Physik zurückdatiert werden ins antike Griechenland, und zwar in die Zeit der Vorsokratik und zum Ursprung des Wortes «Physik» selbst.

Teil I: Wichtige Stationen in der Geschichte der Physik

Dieser erste, historische Teil skizziert einige, aus heutiger Sicht wichtige Stationen in der Geschichte der Physik. Der Fokus der Darstellung liegt dabei auf der Antike, der Frühen Neuzeit sowie dem 19. und 20. Jahrhundert. Vor dem Hintergrund der erkenntnistheoretischen Fragestellungen, die in Teil II behandelt werden, erweisen sich diese drei Epochen als besonders prägend für die Physik: die Antike, weil die Erklärungsstrategien, die auch in der heutigen Physik wichtig und gebräuchlich sind, dort bereits auftreten; die Frühe Neuzeit, weil sie die Gestalt der modernen Physik insbesondere durch ihre Mathematisierung nachhaltig geprägt hat; und die vergangenen gut 150 Jahre, weil sich durch sie der Realitätsbezug und die Frage der Anschaulichkeit physikalischer Theorien sehr stark verandert haben.

I. Antike: Anfänge physikalischen Erklärens

«Vom Mythos zum Logos»

Die abendländische Geistesgeschichte in der Zeit zwischen ca. 600 und 350 vor Christus wird oft beschrieben als eine Zeit des Übergangs «vom Mythos zum Logos».

Das griechische Wort *lógos*, von dem sich u. a. der heutige Begriff «Logik» ableitet, entspricht dem Lateinischen *ratio* und bedeutet ursprünglich so viel wie «Lehre», «Vernunft», «Begriff». Mit dem Ausdruck «vom Mythos zum Logos» ist dementsprechend eine Entwicklung im antiken Griechenland gemeint, bei der Alltags- und Naturphänomene mehr und mehr «rational» erklärt wurden, statt in Mythen und göttlichen Abstammungsgeschichten etwas über sie zu erzählen.

Die Protagonisten dieser frühen Entwicklung werden in der

Literatur als «Vorsokratiker» bezeichnet, wobei sich dieser Ausdruck allein auf den Zeitraum ihres Schaffens bezieht, und selbst das nur grob (Sokrates starb 399 v. Chr.). Inhaltlich sind sie eher als «Naturphilosophen» zu beschreiben. Phänomene wie Blitze, Erdbeben und Regenbögen wurden von ihnen nicht mehr, oder zumindest nicht mehr vornehmlich, als Äußerungen oder Erscheinungen einzelner menschenähnlicher Götter aufgefasst. Stattdessen entwickelten sich aus ihren Beschreibungen im Laufe der Zeit erste stabile wissenschaftliche Begriffe.

Was bei dieser Entwicklung «vom Mythos zum Logos» vielleicht noch wichtiger war als die jeweils konkrete Abkehr von einer bestimmten Göttin oder einem Gott als Erklärung für dieses oder jenes Naturphänomen, war die Entstehung von etwas, das man heute als «wissenschaftlichen Diskurs» bezeichnen würde. Die neuen, rationalen Erklärungen machten es möglich bzw. erforderten es, auf die jeweiligen Vorgänger und deren Erklärungsansätze zu reagieren. Bei Mythen war eine solche Reaktion nicht im gleichen Maße gefordert. Vereinfacht gesagt, konnte man einfach «eine andere Geschichte» erzählen und musste diese nicht zu anderen Mythen in direkte Verbindung setzen. Mythische Erzählungen widersprechen sich in diesem Sinne nicht, rationale Erklärungen dagegen schon. Kommt man hier zu einer anderen Erklärung eines Phänomens als sein Vorgänger oder Zeitgenosse, so muss man seine Position – «rational» – begründen.

Es kam dementsprechend zunehmend zu Auseinandersetzungen darüber, wie die Natur möglichst adäquat und in systematischer Weise zu beschreiben sei. Und so konnte sich in der Folge ein kulturelles Unternehmen ausbilden, das wir heute als Physik bezeichnen und mit dessen Hilfe wir mittlerweile verschiedenste Naturphänomene auch quantitativ sehr genau beschreiben und vorhersagen können.

phýsis *als begriffliche Wurzel der Physik*

Die Vorsokratiker haben sich mit Naturphänomenen aller Art auseinandergesetzt. Eine Trennung in verschiedene naturwissenschaftliche Subdisziplinen, so wie man heute zwischen Physik, Chemie, Biologie usw. unterscheidet, gab es nicht. Selbst zwischen theoretischen und ethischen Fragestellungen über die Natur wurde nicht getrennt.

Warum es solche Trennungen nicht gab – bzw. warum es sie in gewisser Weise gar nicht geben *konnte* –, verdeutlicht ein kurzer Blick auf das altgriechische Wort *phýsis*, das allgemein mit «Natur» übersetzt wird und von dem sich unser heutiger Begriff «Physik» ableitet.

Die älteste überlieferte Verwendung des Wortes *phýsis* findet sich im zehnten Buch der *Odyssee* von Homer. Hier reißt der Gott Hermes eine Pflanze aus dem Boden und zeigt Odysseus deren *phýsis*, und dabei insbesondere ihre schwarze Wurzel und milchfarbene Blüte. D. h., was er ihm zeigt, ist der Aufbau der Pflanze; genauer: Er zeigt, wie sie gewachsen ist. Das Verb *phýein*, von dem sich *phýsis* ableitet, bedeutet nämlich so viel wie «wachsen», «hervortreiben».

Die ursprünglichen Assoziationen, die mit dem Wort *phýsis* einhergehen, sind also aus heutiger Perspektive eher biologische als physikalische. Man merkt dies noch am Begriff des «Physiologen», der der Wortbedeutung nach denjenigen meint, der sich mit der Lehre von der *phýsis* beschäftigt. So bezeichnet Aristoteles die vorsokratischen Naturphilosophen als «Physiologen», während wir heute dieses Wort nicht mehr allgemein auf Naturwissenschaftler beziehen, sondern nur auf Vertreter einer bestimmten biologischen bzw. medizinischen Fachrichtung.

Die Natur im Sinne der *phýsis* ist also zunächst das, was gewachsen ist, was einen bestimmten Aufbau hat und sich von dorther verstehen lässt. Dabei wird die Natur nicht als ein bloßes Objekt verstanden, sondern als eine lebendig handelnde Einheit oder ein allgemeines Prinzip des Entstehens und Vergehens.

Mit dem Untersuchungsgegenstand der Physik, wie er in der Einleitung eingeführt wurde, trifft sich dieser Begriff der *phýsis* also insofern, dass es in beiden Fällen um den Aufbau und die Struktur der uns umgebenden Natur geht. Dabei werden Aufbau und Struktur als prinzipiengeleitet angenommen. Dementsprechend hielten die vorsokratischen Naturphilosophen Ausschau nach «allgemeinen Gesetzmäßigkeiten» in der Natur, mit denen sie die althergebrachten mythischen Erklärungen, die auf einzelne Handlungen der Götter Bezug nahmen, in immer größerem Maße ersetzen konnten.

Hierbei machte es für die Vorsokratiker keinen entscheidenden Unterschied, ob es sich bei der betrachteten Natur um belebte oder unbelebte Materie handelte, um organische Lebewesen oder «tote» physikalische Objekte. Sie behandelten beispielsweise die Entstehung des Weltalls und atmosphärischer Phänomene ebenso wie die des Lebens. Denn in allen Fällen ging es ja um die *phýsis*, um die jeweils spezifische Zusammensetzung, die typische «Eigenwüchsigkeit» des Betrachteten.

Nach diesem kurzen Abriss zum allgemeinen geistes- und begriffsgeschichtlichen Hintergrund kann nun zur inhaltlichen Darstellung einiger vorsokratischer und dann auch klassischer griechischer Autoren übergegangen werden. Dabei geht es nicht darum, diese möglichst umfassend und in ihrem historischen Kontext adäquat zu präsentieren. Vielmehr ist an dieser Stelle relevant, inwiefern ihre Ansätze und Einsichten als richtungsweisend aufgefasst werden können für die weitere Entwicklung der Physik.

Elementarismus: Thales, Anaximenes, Empedokles, Demokrit

Als erster Vorsokratiker und somit ältester Naturphilosoph gilt Thales, der von ca. 624 bis 547 v. Chr. in Milet lebte, einer kleinasiatischen Stadt an der Mittelmeerküste der heutigen Türkei. Eine Schrift oder auch wörtliche Zitate von ihm sind leider nicht erhalten, aber wiederholt wird ihm von anderen antiken Autoren folgende Behauptung zugeschrieben: Der Ursprung von allem sei Wasser. Eine befriedigende Interpretation dieser knappen und allgemeinen Behauptung ist sehr schwierig, aber zunächst einmal darf man sie wohl wie folgt verstehen: Naturerscheinungen können ihrer *phýsis* nach – also ihrem Entstehen und ihrer «Eigenwüchsigkeit» nach – als Wasser oder irgendwie als «wässrig» angesprochen und verstanden werden. Und dies soll nicht nur für das Mittelmeer, einen See oder den Inhalt einer Amphore gelten, sondern irgendwie auch für einen Fels, einen Baum oder einen Menschen.

Tatsächlich ist diese Behauptung gar nicht so abwegig, wie sie zunächst erscheinen mag; insbesondere wenn man sich zwei Naturphänomene vor Augen hält, die Thales sicherlich bekannt und die für die Menschen seiner Region besonders relevant waren.

Das eine waren die alljährlichen Überschwemmungen der Flussdeltas, nach denen aus vermeintlich totem und vertrocknetem Schlamm plötzlich wieder Leben emporwuchs und entstand. Insofern war die Bedeutung von Wasser für die Natur im biologischen Sinne und insbesondere für die Entstehung von Leben offensichtlich. Nichts kann ohne Wasser wachsen und gedeihen; mehr noch: Wasser scheint Leben aus dem Nichts erschaffen zu können.

Das andere Phänomen waren Vulkanausbrüche, bei denen aus flüssiger Lava neues Gestein wurde und somit auch neue Landmassen entstehen konnten. Hier geht es zwar nicht um Wasser im engeren Sinne, also nicht um das, was wir heute chemisch mit H_2O bezeichnen, wohl aber geht es um etwas, das in flüssiger Form vorliegt. Für Thales, so mag man spekulieren, waren die Landmassen in ähnlicher Weise durch Erstarrung von etwas Flüssigem entstanden, wie Wasser zu Eis werden kann. Das passt zudem auch zu Thales' Annahmen, die Erde schwimme auf dem Wasser und Erdbeben entstünden als Folgen von Unruhen und Bewegungen in diesem Wasser.

Für Thales können also letztlich alle Naturobjekte mit dem Wort «Wasser» (*hýdor*) bezeichnet oder angesprochen werden; alles ist irgendwie aus dem Wasser – oder besser: aus dem Flüssigen – hervorgegangen, ist also seiner Natur, seiner «Eigenwüchsigkeit» nach flüssig.

Vor dem Hintergrund allgemeiner physikalischer Erklärungsstrategien, um die es hier gehen soll, ist das Entscheidende an dieser Annahme, dass sie allen natürlichen Gegenständen den gleichen materiellen Ursprung zuordnet. Noch ist das zwar weit entfernt von der modernen Annahme, wonach einige wenige Typen von Elementarteilchen existieren, aus denen dann alles aufgebaut ist. Aber der Weg dorthin scheint durch Thales' Behauptung doch zumindest der Möglichkeit nach angelegt.

Rund zwei Generationen nach Thales und ebenfalls in Milet lebte Anaximenes (ca. 585–525 v. Chr.). Er behauptete, der Ursprung von allem sei Luft. Das griechische Wort, das er verwendet, ist *aér* und meint genauer die feuchte Luft oder den Dunst. Außerdem liefert Anaximenes einen Ansatz, um die Übergänge zwischen verschiedenen Erscheinungsformen der Materie zu erklären. Wasser, so Anaximenes, entstehe durch das Verdichten von Luft (Dunst), Erde durch dessen noch weitere Verdichtung, und Feuer entstehe aus der Verdünnung von Luft (Dunst). Dabei gehe das Verdichten immer mit einer Abkühlung einher und das Verdünnen mit einer Erwärmung.

Für diese Annahmen gibt Anaximenes einige heuristische Belege aus dem Alltag: Wenn man beispielsweise mit gespitzten Lippen puste, so werde die Luft verdichtet und der Atem sei dementsprechend kühl; wohingegen, wenn man mit weit geöffnetem Mund hauche, die Luft ausgedehnt werde und der Atem dementsprechend warm sei. Als weiteres Beispiel mag der morgendliche Tau auf den Blättern dienen. Denn auch der entsteht («erwächst») durch die Abkühlung und Verdichtung von feuchter Luft.

Somit geht es bei Anaximenes, wie schon bei Thales, modern gesprochen gar nicht so sehr um das chemische Element, aus dem die Natur aufgebaut ist, sondern vielmehr um das, was man heute Aggregatzustände nennt, und um eine mit ihnen verbundene Dynamik der Materie – also eben genau um die oben beschriebene «Eigenwüchsigkeit». Bei Thales war alles eine Form des Flüssigen. Nach Anaximenes ist alles eine Ausprägung des Gasförmigen, wobei er allerdings genauer zu verstehen versucht, wie es dabei zu den unterschiedlichen Erscheinungsformen von Materie kommen kann. Übergänge zwischen Aggregatzuständen stehen nun im Vordergrund. Gestein ist nicht mehr einfach nur «Wasser» wie bei Thales, sondern es ist Wasser, das seinerseits verdichtete Luft ist und nun einen weiteren Prozess der Verdichtung durchlaufen hat.

In diesem Sinne kann man Anaximenes' Ansatz als Antwort und Weiterentwicklung des Ansatzes von Thales betrachten. Hier beginnt der bereits erwähnte «wissenschaftliche Diskurs».

Thales' Ansatzpunkt wird nicht einfach übergangen, er wird vielmehr aufgenommen und eingebaut – insbesondere da die Luft, von der Anaximenes ausgeht, ja *feuchte* Luft ist, also Wasser in sich trägt. Zugleich wird der Ansatz kritisch erweitert durch eine genauere Beschreibung der Übergänge zwischen den Erscheinungsformen der Materie. Die Betonung liegt nun stärker auf den dynamischen Aspekten, und vielleicht mag man in der Luft bei Anaximenes sogar schon eine Art qualitätslosen Träger aller physikalischen Vorgänge sehen – also einen Vorläufer späterer Äthervorstellungen.

Weitere rund drei Generationen später vertritt Empedokles (ca. 495–425 v. Chr.) die These, es gebe insgesamt vier verschiedene elementare Erscheinungsformen der Materie, aus denen sich sämtliche äußeren Gegenstände zusammensetzen: Feuer, Wasser, Erde und Luft. Für Empedokles sind natürliche Objekte nicht mehr unterschiedliche Erscheinungsformen ein und derselben Substanz, sondern alles, ob Stein, Holz, Wein oder Rauch, setzt sich für ihn aus mehreren dieser vier Grundformen oder Elemente zusammen; und zwar jeweils in einem charakteristischen Mengenverhältnis. Dabei sind Feuer, Wasser, Erde, Luft insofern elementare Bestandteile von allem, als sie sich nicht in etwas Anderes zerlegen lassen. Laut Empedokles bleibt beispielsweise Wasser immer Wasser, auch wenn man es in kleinere Portionen unterteilt; und dies unterscheidet es etwa von einem Tisch oder einer Pflanze, die eben nicht mehr als solche weiter existieren, wenn man sie in kleinere Bestandteile zerlegt. – Und auch wenn wir heute nicht mehr annehmen, physikalische Gegenstände bestünden aus gerade diesen vier Elementen: Die Annahme, dass es nur eine kleine Zahl von «Grundformen» gibt, aus denen sich die makroskopische Materie zusammensetzt, zieht sich bis heute durch die gesamte Physikgeschichte.

Da es oben um die vor allem biologischen Assoziationen des Begriffs *phýsis* ging, sei noch erwähnt, dass Empedokles selbst nicht von «Grundformen» oder «Elementen» spricht, sondern von «Wurzeln» (*rhizómata*). Das Bild, das sich hinter der Annahme der Zusammensetzung äußerer Gegenstände verbirgt, ist

also wiederum ein biologisches. Es geht um einen Wachstums-
prozess, bei dem sich alles Beobachtbare (sozusagen alles Ober-
irdische) aus den vier Wurzeln Feuer, Wasser, Erde, Luft speist
und aus ihnen hervorgeht.

Aufbauend auf den Überlegungen seiner Vorgänger und insbesondere seines Lehrers Leukipp (5. Jh. v. Chr.) ist es dann
Demokrit (ca. 460–380 v. Chr.), der die Annahme, sämtliche
Materie setze sich aus bestimmten elementaren Bestandteilen zusammen, am eindrücklichsten und in gewisser Weise am konse-
quentesten weiterdenkt. Der Aufbau von Materie wird von ihm
nicht mehr, wie bei Thales, Anaximenes und Empedokles, primär
über alltägliche Erfahrungen und Phänomene erklärt. Stattdessen rücken bei Demokrit (und Leukipp) abstraktere, theoretische Überlegungen in den Vordergrund. Ein besonders wichtiger
Gedanke betrifft die Teilbarkeit von Materie. Es könne nicht zu-
treffen, dass ein Stück Materie in immer kleinere Bestandteile
zerlegbar sei. Ein Teilungsprozess müsse notwendigerweise einmal an ein Ende kommen, weil ansonsten von dem Stück Materie nichts mehr übrig bliebe. Irgendwann müsse man auf nicht
weiter teilbare Bestandteile der Materie stoßen: auf Atome (grie-
chisch *á-tomos* für «un-teilbar»).

Unterschiede in der Erscheinung und den Eigenschaften von
äußeren Gegenständen ergeben sich nach Demokrit allein durch
die jeweils spezifische Gestalt, Anordnung und Lage der Atome,
aus denen diese Gegenstände zusammengesetzt sind. Ebenso
wichtig wie die Existenz der Atome ist dabei für Demokrit die
Existenz eines leeren Raums, in dem sich die Atome relativ zueinander bewegen können. Nur so könne es zu Veränderungen
ihrer Anordnung und Lage kommen und seien Umwandlungsprozesse möglich wie etwa Kondensation oder Verbrennung, bei
denen ein physikalischer Gegenstand in einen anderen übergeht.

Während ihre relative Lage und Anordnung in diesem Sinne
wesentlich dynamisch gedacht wird, sind die Atome selbst un-
veränderlich und auch nicht aus etwas anderem entstanden.
Weiterhin wird ihre Gestalt zwar mit bestimmten makroskopischen Eigenschaften assoziiert – so bestehe etwa Feuer wegen
seiner besonders durchdringenden und stechenden Eigenschaft

aus spitzen Atomen –, dennoch sind die Atome laut Demokrit der direkten Beobachtung und Erfahrung entzogen. Sämtliche Gegenstände sind zwar aus ihnen zusammengesetzt, aber die Atome selbst können nicht einzeln wahrgenommen werden, da sie zu klein sind. Das, was gerade über Umwandlungsprozesse behauptet wurde, sind also rein theoretische Annahmen. Sie führen nicht zu konkreten empirischen Beschreibungen oder gar quantitativen Vorhersagen.

Demokrit gilt als Vorläufer, manchen auch als Begründer des modernen Atomismus, der maßgebend für viele physikalische Theorien und Modelle war und ist. An dieser Stelle wurde er zusammen mit anderen vorsokratischen Autoren behandelt, um zu verdeutlichen, dass es Ansätze gibt, die ebenfalls davon ausgehen, dass es Grundformen oder «letzte» Bestandteile der Materie gibt, ohne dass dies kleinste Teilchen im Sinne von Atomen sein müssten. So standen bei Thales keine «Elementarteilchen» im Vordergrund, sondern ein elementarer Aggregatzustand. Dieser Gedanke entwickelte sich bei Anaximenes weiter, dessen *aér* man als qualitätslosen Träger aller physikalischen Vorgänge interpretieren konnte. Deshalb gilt Anaximenes seinerseits als wichtiger Vorläufer der Atomisten, für die Materie ebenfalls aus qualitätslosen Grundbestandteilen zusammengesetzt ist. Und der verbleibende Übergang zwischen den makroskopischen Zuständen, wie sie bei Thales und Anaximenes im Vordergrund standen, und den mikroskopischen Mischungsverhältnissen, wie sie die Atomisten behaupteten, wurde durch Empedokles geebnet, der davon ausging, die vier Grundelemente Feuer, Wasser, Erde, Luft blieben bei Zerlegungsprozessen als solche erhalten.

Zum Zweck der gemeinsamen Darstellung möchte ich deshalb bei allen vier genannten Autoren von einem «Elementarismus» sprechen – auch wenn der griechische Ausdruck für «(Ur-) Element» (*stoicheîon*) erst später bei Platon in prominenter Weise auftritt. Trotz unterschiedlicher Details in ihren Ansätzen, vereint Thales, Anaximenes, Empedokles und Demokrit die allgemeine Überzeugung, Materie sei aus einer oder wenigen elementaren Bestandteilen oder Formen aufgebaut und durch ihre «Eigenwüchsigkeit» und ihr Bewegungsverhalten geprägt.

Mathematisierung: Pythagoras, Platon

Eine zweite wichtige Entwicklungslinie der Physik zeichnet sich mit Pythagoras und Platon ab. Es ist der Versuch, die Natur, insbesondere die Materie und ihre Zusammensetzung und Struktur, mit mathematisch-geometrischen Mitteln zu fassen.

Pythagoras (ca. 570–500 v. Chr.) und die auf ihn zurückgehende Schule – heute würde man eher von einem Orden oder einer religiösen Bruderschaft sprechen – waren über mehrere Jahrzehnte hinweg philosophisch wie auch politisch sehr einflussreich. Die Pythagoreer waren der Meinung, der gesamten Weltordnung lägen Zahlordnungen zugrunde. Egal, ob Naturerscheinung, moralische Überzeugung, Alltagsbegriff, in allem kämen Zahlen bzw. Zahlenverhältnisse zum Ausdruck. Ein berühmtes Beispiel ist der Begriff «Gerechtigkeit»: Er meint in den Augen der Pythagoreer so viel wie «Gleiches mit Gleichem» oder «gleich mal gleich»; und die allgemeine Struktur dieses Begriffs komme in dem zahlenmäßigen Ausdruck 2·2=4 zum Vorschein, den man durch folgende Anordnung von Punkten darstellen könne: «::». Egal, ob man diese Darstellung von oben oder unten, von rechts oder von links betrachtet, immer stehen hier zwei gleiche Punktpärchen einander gegenüber, und genau das bedeute Gerechtigkeit.

Die allgemeine Annahme, in allen Zuständen und Verhältnissen der Welt kämen Zahlen zum Ausdruck, lässt sich auch durch einen kurzen Blick auf die griechischen Termini motivieren. So bedeutet das Wort *kósmos* zunächst einmal allgemein «Ordnung». Das, was dann später mit «Welt» oder «Weltall» bezeichnet wurde, ist also vor allem etwas Angeordnetes, Geordnetes.

Das andere wichtige Wort ist *harmonía*. Es bedeutet ursprünglich ein «(systematisches) Verfugen» und bezieht sich auf ebenmäßige oder miteinander im Einklang stehende Zahlenverhältnisse. Paradebeispiele hierfür kommen aus der Musik, in der man bis heute von «Harmonien» spricht. Tatsächlich wurden musikalischen Intervalle von einigen Pythagoreern mithilfe schwingender Saiten untersucht, und ihnen waren insbesondere die einfachen ganzzahligen Längenverhältnisse bekannt, die auf einer Saite vorliegen müssen, damit eine Oktave (2:1), eine Quinte (3:2), eine Quarte (4:3) oder eine Terz (5:4) erklingt.

Gemäß den Pythagoreern strukturieren und bestimmen derartige harmonische Zusammenhänge die gesamte Wirklichkeit. Das heißt, es geht nicht nur um Beschreibungen, in denen einfache Zahl- oder Symmetrieverhältnisse *vorkommen*. Für die Pythagoreer waren vielmehr *die Zahlen selbst* das Bestimmende. Die Zahlen und Zahlenverhältnisse selbst waren in den Phänomenen «am Werk» und erzeugten so jeweils die Harmonien. Wenn es beispielsweise um Zahlenverhältnisse im Kosmologischen geht, so hatte dies für die Pythagoreer auch etwas mit der Erzeugung von «Sphärenklängen» und «Sphärenmusik» zu tun, da sich die Distanzen zwischen den Sphären von Sonne, Mond und Sternen in gleicher Weise «harmonisch» teilen wie die Saitenlängen bei den Intervallen.

Selbst wenn ein solches Verständnis heute als eine eigenartige Form von «Zahlenmystik» erscheinen mag, ist doch der Versuch, Naturphänomene über «harmonische» Zahlenverhältnisse und Symmetrien zu erklären, prägend geblieben für die Geschichte der Physik. Bis heute bilden Symmetrieannahmen im Sinne «harmonischer Verhältnisse» den Ausgangspunkt vieler physikalischer Theorien.

Mit Platon (427–347 v. Chr.) verbinden sich dann Aspekte der Ansätze von Pythagoras und Empedokles. In seinem Werk *Timaios* geht Platon mit Empedokles davon aus, sämtliche physikalischen Körper seien aus Feuer, Wasser, Erde, Luft aufgebaut. Diese vier Stoffe, so Platon, seien aber noch nicht die wirklich einfachsten und grundlegendsten Bestandteile oder «Urelemente» (*stoicheîa*) der Materie. Letztere – und hier zeigt sich nun das pythagoreische Erbe – seien vielmehr durch geometrische Objekte und deren einfache Zahlenverhältnisse gegeben. Damit leitet Platon eine spezifische Tradition in der Physik ein, die bis in die Gegenwart andauert und in der versucht wird, die gesamte Physik in der einen oder anderen Form auf Geometrie zu reduzieren.

Doch wie kommt Platon zu einer derartigen Überzeugung,

und wie nimmt sie sich konkret bei ihm aus? Ausgangspunkt ist die aus Platons Sicht evidente Annahme, Körper seien ihrem Wesen nach ausgedehnt, und wenn etwas ausgedehnt ist, so sei es vor allem durch die Gestalt seiner Oberfläche charakterisiert. Dementsprechend muss also die äußere, geometrische Gestalt von Feuer, Wasser, Erde, Luft jeweils eine andere sein; außerdem sollte sie jeweils sehr prägnant und «einfach» sein, insofern es sich eben um die «Reinform» der vier empedokleischen Elemente handle. Platon geht deshalb davon aus, ihre Oberfläche sei durch den Zusammenschluss einer geringen Zahl gleichartiger ebener Flächen gegeben. Er nimmt sogar an, diese ebenen Flächen seien bei allen vier Elementen die gleichen, rechtwinkligen Dreiecke (wobei er zwei Längenverhältnisse bei den beiden Katheten zulässt, nämlich 2:1 und 1:1; siehe Abb. 1).

Die «einfachen» Gestalten, die Platon aus diesen Dreiecken zusammengesetzt denkt und mit den vier empedokleischen Elementen gleichsetzt, sind regelmäßige Polyeder – oder, wie wir heute auch sagen, «Platonische Körper». Der Tetraeder ist aus vier, der Oktaeder aus acht und der Ikosaeder aus zwanzig gleichseitigen Dreiecken aufgebaut. Platon assoziiert sie, der Reihe nach, mit den Elementen Feuer, Luft und Wasser; und er reduziert ihre Gestalt weiter, indem er die gleichseitigen Dreiecke als zusammengesetzt betrachtet aus rechtwinkligen Dreiecken des ersten eben genannten Typs. Zu diesen drei Elementen kommt als viertes die Erde hinzu, die Platon mit der Gestalt eines Würfels assoziiert und deren sechs Seiten er wiederum als bestehend aus rechtwinkligen Dreiecken betrachtet (nun des anderen, zweiten Typs; siehe Abb. 1). – Der Vollständigkeit halber sei ergänzt, dass Platon den fünften und letzten regelmäßigen Polyeder, den Dodekaeder, mit dem Äther gleichsetzt.

Diesen Zuordnungen zwischen Polyeder und Element soll dabei eine gewisse phänomenale Plausibilität zukommen. So wird dem Feuer, als dem durchdringendsten aller Elemente, mit dem Tetraeder erneut (wie schon bei Demokrit) eine besonders spitze Form zugeordnet. Umgekehrt ist Erde das am stabilsten form- und stapelbare der vier Elemente und wird deshalb mit der Würfelform identifiziert.

Rechtwinklige Dreiecke

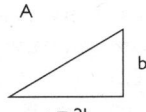

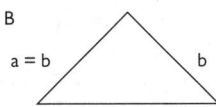

Regelmäßige Polygone

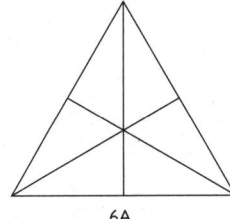

6A

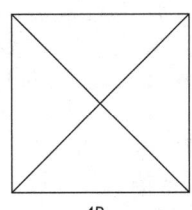

4B

Regelmäßige Polyeder

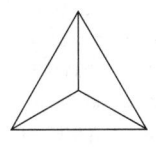

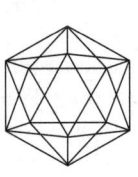

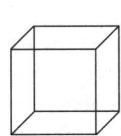

Tetraeder	Oktaeder	Ikosaeder	Kubus
24A	48A	120A	24B
Feuer	Luft	Wasser	Erde

Abbildung 1: Geometrisierung der Physik bei Platon

Mit diesen Zuordnungen gelang Platon zugleich eine *quantitative* Beschreibung für die möglichen Umwandlungen der vier Elemente in- und untereinander. So kann sich etwa ein Wasserteilchen in zwei Luft- und ein Feuerteilchen umwandeln. Denn alle sind allein aus rechtwinkligen Dreiecken des ersten Typs aufgebaut, deren Summe in beiden Fällen identisch ist: Das Wasserteilchen besteht aus 20·6=120 dieser kleinsten Dreiecke; die beiden Luftteilchen aus jeweils 8·6=48 Dreiecken, was zusammen mit den 4·6=24 Dreiecken des Feuerteilchens ebenfalls 120 Dreiecke ergibt.

Ähnlich wie bei den Pythagoreern sind solch quantitative Beschreibungen allerdings eher eine theoretische Spielerei, als dass sie zu konkreten Vorhersagen geführt hätten. (Auf die allgemeine Rolle und Entwicklung von Prognosen in der Physik gehe ich in Kapitel 4 von Teil II noch genauer ein.) Aus heutiger Sicht mögen solche Vergleiche von Summen von Dreiecken sogar eher noch mehr Fragen aufwerfen als lösen. Warum beispielsweise sollten aus einem Wasserteilchen nicht fünf Feuerteilchen (5·4·6=120) werden anstatt zwei Luft- und ein Feuerteilchen? Und was ist beispielsweise mit den jeweils umgekehrten Prozessen?

Kräfte und Zwecke: Empedokles, Aristoteles

Die gerade aufgeworfenen Fragen führen zu einem weiteren wichtigen Ansatzpunkt antiker Naturbeschreibung, der ebenfalls für die Geschichte der Physik prägend wurde. Es ist dies die Erklärung mittels Kräften. Wenn man erklären will, *warum* dieses Teilchen mit jenem Teilchen reagiert oder sie sich gemeinsam zu einem dritten Teilchen vereinen, dann wird oft auf die Existenz und das Wirken von Kräften verwiesen.

Ein wichtiger Ausgangspunkt einer solchen Erklärungsstrategie findet sich erneut bei Empedokles. Er hat nicht bloß behauptet, alle physikalischen Gegenstände bestünden aus den vier Elementen («Wurzeln») Feuer, Wasser, Erde, Luft. Er stellt sich auch die Frage, warum bestimmte Mischungen dieser Elemente offensichtlich stabiler und dauerhafter sind als andere. So sind etwa die Mischungen von Feuer, Wasser, Erde, Luft in Holz andere, und offensichtlich stabilere, als etwa in Milch; und beide unterscheiden sich wiederum von den – nochmals deutlich stabileren – Mischungen, wie sie in einem Klumpen Lehm oder einem Stück Fels vorliegen.

Empedokles, der mehr als zwei Generationen vor Platon lebte, gibt zwar keine konkreten Zahlenverhältnisse für solche mehr oder minder stabilen Materiezusammensetzungen an, aber er benennt die allgemeinen Prinzipien, auf denen sie basieren: «Liebe» (*philóthes* oder *philía*) und «Hass» (*neîkos*). Nun sind das beides Begriffe, die man zunächst mit dem Bereich menschlicher Beziehungen assoziiert. Hier werden sie allerdings in einem sehr weiten Sinne verwendet zur Bezeichnung allgemeiner anziehender und abstoßender Kräfte. «Liebe» und «Hass» sind für Empedokles keine weiteren Elemente, sondern bilden so etwas wie die «Wachstumskonstellationen», unter denen die vier Elemente sich zu ausgedehnten Gegenständen ausformen. Ein Stein ist stabiler und dauerhafter als ein Becher Milch, weil seine Bestandteile einander stärker anziehen und zusammenhalten. Umgekehrt bezeugt das Aufrahmen der Milch die Abneigung und Abstoßung ihrer einzelnen Bestandteile.

Eine andere frühe Form, physikalische Wechselwirkungen zu beschreiben, findet man bei Aristoteles (384–322 v. Chr.) im Werk *Physik*. Dabei handelt es sich um eine Art Vorlesungstext, und der Titel belegt zum ersten Mal das Wort «Physik» als Bezeichnung einer wissenschaftlichen oder akademischen Disziplin. Allerdings stammt der Titel nicht von Aristoteles selbst, sondern ist eine spätere Beigabe aus dem ersten vorchristlichen Jahrhundert.

Aristoteles nimmt an, alle natürlichen Gegenstände unterlägen einem Prinzip des Wandels (*kínesis*), demgemäß sämtliche ihrer Bewegungen von innen heraus und durch ihre eigenen Ziele oder Zwecke bestimmt seien. Sämtliche Bewegungen werden, um es im philosophischen Jargon auszudrücken, durch (interne) Zweckursachen hervorgerufen und nicht durch (äußere) Wirkursachen – also gerade nicht durch äußere Kräfte oder Einwirkungen.

Laut Aristoteles fällt beispielsweise ein Stein nicht deshalb zu Boden, weil er von der Erde angezogen wird, sondern er fällt aufgrund seiner inneren qualitativen Eigenschaft der Schwere. Diese Schwere äußert sich als Tendenz, seinen «natürlichen Ort» – wie es bei Aristoteles heißt – zu erreichen. In diesem Sinne ist der natürliche Ort aller Steine der Erdboden, und sobald man einen Stein loslässt, ihn also nicht mehr an der Verwirklichung seiner inneren Tendenz hindert, strebt er dem Erdboden entgegen. Eine solche Beschreibung bezeichnet man als «zweckursächlich», weil ihr zufolge der Stein *wegen* seiner inneren Zielvorgabe fällt. Der Stein fällt, *um* seinen natürlichen Ort zu erreichen. Es wird also ein Zweck verfolgt.

Andere Materialien und Gegenstände haben dementsprechend andere natürliche Orte. So liegt er etwa bei Wasser, Holz und Rauch der Reihe nach immer höher. Denn Steine versinken im Wasser, Holz schwimmt auf dem Wasser, Rauch steigt empor. Und das alles liegt nach Aristoteles nicht an äußeren Kräften der Gravitation oder des Auftriebs, sondern an der unterschiedlichen inneren Schwere dieser Körper und den damit verbundenen unterschiedlichen natürlichen Bestimmungsorten.

Nun dürfen Aristoteles' Begriff einer Zweckursache und seine Formulierungen in der Form «wegen etwas» und «um zu» sicherlich nicht so interpretiert werden, als wolle er damit jeweils überlegte oder reflektierte Prozesses beschreiben. Der Stein geht nicht zunächst mit sich selbst zu Rate und entscheidet dann, sich auf seinen natürlichen Ort zuzubewegen. In diesem Sinne ist also Aristoteles' Begriff einer Zweckursache nicht besonders stark oder voraussetzungsreich. Aber wie dem im Detail auch sei: Heute muten zweckursächliche Beschreibungen dieser Art eher eigenartig und unplausibel an. – Allerdings wird später noch darauf zurückzukommen sein, inwiefern (formalisierte) zweckursächliche Beschreibungen weiterhin eine Rolle in der Physik spielen und sich als mathematisch äquivalent erweisen zu (formalisierten) wirkursächlichen Beschreibungen.

Empirie, Erkennen, Eingreifen: Aristoteles und Archimedes

Im Vergleich zu der Physik seiner Vorgänger wie etwa Demokrit und Platon zeichnet sich die Physik des Aristoteles vor allem durch eine bessere Alltagstauglichkeit aus oder, wie wir heute vielleicht sagen würden, durch ihren direkteren Anschluss an die Empirie. Dass beispielsweise Holz im Wasser schwimmt, während ein Stein versinkt, konnte nun über den Unterschied in ihrem natürlichen Ort beschrieben werden. Die eher aus theoretischen Überlegungen heraus motivierten Atome und Dreiecke bei Demokrit und Platon hingegen ließen sich nicht ohne weiteres auf Alltagsphänomene beziehen und zu ihrer Erklärung verwenden.

Vor dem Hintergrund des Konzepts eines natürlichen Ortes machte die aristotelische Physik beispielsweise auch Aussagen über Fallgeschwindigkeiten. Sie behauptete, schwerere Körper fielen schneller zu Boden als leichtere. Diese Behauptung ist zwar nicht korrekt für den von Aristoteles noch nicht beobachteten sogenannten «freien Fall» – also wenn kein Luftwiderstand wirkt –, in dem sich alle Körper gleich schnell bewegen. Dennoch stimmt sie qualitativ mit vielen Fällen aus der damals zugänglichen Alltagserfahrung gut überein. So fällt beispielsweise – aufgrund eben der unterschiedlichen Luftwiderstände – eine Feder oder ein Grashalm deutlich langsamer zu Boden als ein Holzscheit oder ein Stein.

Weiterhin hat Aristoteles strikt getrennt zwischen den Bewegungsgesetzen, die auf der Erde – und damit im Bereich der «Physik» – gelten, und solchen, die die ewigen und unvergänglichen Bewegungen der Himmelskörper betreffen, die für ihn nicht Teil der *phýsis* sind. Ungebremste Bewegungen kann es nach Aristoteles nur bei den Planeten und anderen kosmischen Phänomenen geben, nie aber bei Bewegungen physikalischer Körper auf der Erde.

Damit wird deutlich, woran es der aristotelischen Physik *aus heutiger Perspektive* mangelt. Ihr fehlt keinesfalls der Anschluss an die Empirie, sondern vielmehr eine vereinheitlichende Abstraktion, die grundlegende und allgemeine Regelmäßigkeiten sucht, die sämtliche irdischen wie himmlischen Bewegungen beschreibt. Aristoteles war dies aufgrund seines Naturbegriffs letztlich gar nicht möglich. Seine Physik ist eine qualitative Theorie, die sich, ohne die mathematische Sprache und Experimente zu verwenden, auf sinnlich wahrgenommene Eigenschaften von

Gegenständen bezieht, die der alltäglichen Beobachtung zugänglich sind.

Genau in diesem Sinne interpretiert Aristoteles auch die Grundbestandteile der physikalischen Materie. Das sind für ihn, wie schon für Empedokles, die vier Elemente Feuer, Wasser, Erde, Luft. Allerdings fasst Aristoteles sie ihrem sinnlichen Erscheinen nach auf. Er geht von den beiden Eigenschaftspaaren heiß–kalt und feucht–trocken aus, die für ihn so etwas wie die fundamentalen Erlebnisqualitäten von physikalischen Körpern darstellen. Die vier Elemente entsprechen dann den vier möglichen Kombinationen aus den beiden Paaren: Das Feuer ist warm und trocken, das Wasser kalt und feucht, die Erde kalt und trocken und die Luft warm und feucht (man denke hier wieder an *aér* als Dunst).

Die empirischen Erfolge der Physik der Neuzeit, das sei im Vorgriff auf die nächsten Kapitel schon erwähnt, werden sich vor allem dadurch ergeben, dass gerade nicht mehr auf die Beschreibung mittels empfundener Eigenschaften zurückgegriffen wird. Solche Eigenschaften, die wesentlich durch die menschliche Wahrnehmung geprägt sind, – wie eben beispielsweise die Wärme und Farbe eines Gegenstands – bezeichnet man in der Philosophie seit Galilei als «sekundäre Qualitäten». Ihnen stehen «primäre Qualitäten» gegenüber, die den physikalischen Gegenständen (zumindest vermeintlich) direkt innewohnen – wie insbesondere Ausdehnung und Form. Die neuzeitliche Physik wird sich dann hauptsächlich mit diesen primären Qualitäten beschäftigen. Doch sei auch daran erinnert, dass ein solcher Fokus bereits von Demokrit propagiert wurde, dessen Atome allein durch die primären Qualitäten Gestalt, Anordnung und Lage charakterisiert sind. Kein Wunder also, wenn mit der Frühen Neuzeit auch der Atomismus an Bedeutung in der Physik gewinnt.

Doch bevor es um die Frühe Neuzeit gehen wird, muss noch kurz etwas zur Naturforschung im dritten vorchristlichen Jahrhundert gesagt werden, dem Zeitalter des Hellenismus. Gerade wenn es um die Alltagstauglichkeit und den empirischen Erfolg der Physik geht, darf hier insbesondere Archimedes (287–

212 v. Chr.) nicht unerwähnt bleiben. Er hat grundlegende physikalische Prinzipien eingeführt und diverse Maschinen und Apparate erfunden. Letzteres betrifft die nach ihm benannte Archimedische Schraube, die auch heute noch zum Heraufpumpen von Wasser verwendet wird, sowie diverses mechanisch-technisches Gerät, das vor allem für die Kriegsführung wichtig war: Katapulte, Winden, Flaschenzüge u.dgl. Auf theoretischer Seite geht auf ihn das Hebelgesetz zurück sowie das Konzept des Auftriebs, das heute sogenannte «Archimedische Prinzip». Die technischen und experimentellen Arbeiten des Archimedes waren später für die Physik von Galilei relevant. Sie bilden den Keim dessen, was in der Frühen Neuzeit die experimentelle Methode wird.

Bemerkenswert im Hinblick auf die heutige Physik ist die Trennung, die in der Antike zwischen praktischen und theoretischen Bemühungen gezogen wurde. Seine theoretischen Überlegungen hat Archimedes in Form von Schriften niedergelegt. Sie betrafen, in griechischen Termini ausgedrückt, den Bereich der *epistéme* als Wissen in seiner höchsten Form, das nach letzten Prinzipien und Ursachen sucht. Archimedes' praktische Erfindungen hingegen gehörten einer anderen Wissensform an: der *téchne*. Sie ist insbesondere im Bereich des Hand- und Kunstwerks relevant und bezieht sich auf die menschliche Fähigkeit, etwas Bestimmtes tun oder herstellen zu können und darüber Rechenschaft abzulegen.

Beide Wissensformen, *epistéme* und *téchne*, basieren nach Aristoteles auf Erfahrung (*empeiría*), wobei allerdings der *epistéme* ein höherer erkenntnistheoretischer Status zukommt. – Man mag hier also spekulieren, warum von Archimedes keine Schriften zu seinen praktischen Erfindungen bekannt sind: Liegt es am niedrigeren Status des technischen Wissens? Oder ist umgekehrt beispielsweise seine mathematisch-theoretische Abhandlung *Über Spiralen* motiviert gewesen als Untersuchung über die formale Grundstruktur von Schrauben und Schneckenpumpen?

Doch wie dem auch sei: Die Trennung zwischen *epistéme* und *téchne* bewirkte (zumindest bis zur Zeit des Archimedes) eine intellektuelle Geringschätzung konkreter Anwendungen und Umsetzungen mechanisch-technischer Einsichten. – In diesem Sinne haben die Animositäten, die man bis heute gelegentlich zwischen Natur- und Ingenieurswissenschaften als eher theoretischen bzw. eher praktisch-orientierten Disziplinen antrifft, also eine sehr lange Vorgeschichte.

Aus dem antiken Verständnis heraus ergab sich somit eine besondere Relevanz der *epistéme* für die Naturforschung. Das lag nicht allein daran, dass diese Wissensform auf das allgemeine Erkennen letzter Ursachen und Prinzipien zielt, sondern vor allem auch daran, dass die Natur als etwas von sich aus Gewachsenes verstanden wurde. Insofern *téchne* sich immer auf ein Wissen von und über menschliche Handlungen bezieht, taugt sie nicht für die Erkenntnis der *phýsis* einer Sache. Denn menschliches Eingreifen bedeutet in diesem Zusammenhang immer ein Zerstören des «urwüchsigen» Charakters des Natürlichen. Das hatte zur Folge, dass beispielsweise die Metallurgie kein Bereich der antiken Naturforschung im Sinne von *epistéme* war. Das Herstellen von Legierungen war zwar vor allem für die Kriegsführung sehr wichtig, galt aber im Allgemeinen «bloß» als *téchne*.

Nun benutzt man auch heute noch «Natur» und «Technik» manchmal als Gegensatzpaar. Allerdings bezieht man dann physikalische Einsichten auf beide Bereiche. Die gesetzmäßigen Zusammenhänge, die in der Natur beobachtet werden, sind dann dieselben, die sich auch im Labor ergeben und die man sich in technischen Anwendungen zunutze machen kann. Aus antiker Perspektive gilt das jedoch nicht. Und somit erklärt sich auch, warum das Experimentieren solange eine untergeordnete Rolle spielte bei der Erforschung der Natur. Nur passive Beobachtung galt als angemessene Form, um Erkenntnisse über die Natur zu gewinnen. Aristoteles' Begriff der *kínesis* bezieht sich allein auf «natürliche» Bewegungen im Sinne einer Abgrenzung gegen alle erzwungenen Bewegungen, wie sie durch menschliches Eingreifen zustande kommen. Und da Experimente immer ein handelndes Eingreifen bedeuten, *können* sie dem antiken Verständnis nach gar nichts über die *phýsis* aussagen.

Die Umbrüche, die hier von Archimedes und auch anderen hellenistischen Naturforschern angestoßen wurden, konnten sich zunächst nicht durchsetzen – weder, was die allgemeine Aufwertung des Experiments innerhalb der Physik betraf, noch beispielsweise bei konkreten kosmologischen Überlegungen wie etwa dem heliozentrischen Weltbild von Aristarch (ca. 310–230 v. Chr.). Das änderte sich letztendlich erst mit der Frühen Neuzeit. Deshalb springt auch das nachfolgende Kapitel direkt in diese Epoche, und es wird dementsprechend von dort an mehr über experimentelle Befunde zu berichten sein.

Damit soll selbstredend nicht behauptet werden, es hätte im (lateinischen wie auch arabischen) Mittelalter keine Entwicklungen in der Physik gegeben. Doch sind diese Entwicklungen – wie etwa die Impetustheorie als wichtiger Wegbereiter der klassischen Mechanik – für den hier behandelten Kontext nicht im Detail von Interesse.

Eine weitere Entwicklungslinie, die im Folgenden nicht verfolgt wird, ist die Alchemie. Das ist deshalb kurz zu betonen, weil in der Alchemie die oben diskutierte Elementenlehre von Empedokles bzw. Aristoteles sehr stark weiterwirkte. Allerdings wirkte sie hier vor allem *inhaltlich* weiter, während ich sie oben aus *methodischen* Gründen dargestellt hatte als eine allgemeine Erkenntnisstrategie der Physik, bei der es um die Suche nach den Grundbestandteilen der Materie geht. Und genau diese Strategie wurde und wird in der Physik weiterhin verfolgt – nach und nach wurden sozusagen «immer elementarere» Materiebestandteile gesucht. Demgegenüber hielt das Interesse der Alchemie stärker und direkter an Feuer, Wasser, Erde, Luft und deren Charakteristika fest; und sie bemühte sich, viel mehr als die Physik, um die Synthese und Herstellung neuer Substanzen und Verbindungen. Sicherlich, im (animistischen) Naturverständnis der Alchemie wurde schon früh ein Zusammenhang zwischen Himmelserscheinungen und Prozessen auf der Erde gesehen. Allerdings war der ganz anderer Art als derjenige der nur aufkommenden frühneuzeitlichen Physik.

2. Frühe Neuzeit: Mathematisierung der Physik

Sieht man zunächst von Details ab, so sind die größten allgemeinen Verdienste, die den Naturforschern der Frühen Neuzeit (16./17. Jh.) in der Entwicklung der erkenntnistheoretischen Motive der Physik zukommen, die eben erwähnte zunehmende Bedeutung des Experiments – zusammen mit einer stärker quantitativen Beobachtungskultur – und, was zum Großteil damit einhergeht, die zunehmende Mathematisierung der Physik. Damit ist das Bestreben gemeint, naturgesetzliche Zusammenhänge quantitativ genauer zu fassen und formal zu notieren. Die konkreten Ausgangspunkte zu einer solchen Mathematisierung waren dabei durchaus unterschiedlich, wie die folgende Darstellung versucht zu deutlichen. Zum Teil standen grundlegende Überzeugungen und Überlegungen zur Rolle von Symmetrien und der Geometrie im Vordergrund, zum Teil aber auch solche zum Ursprung und zur Rolle von Kräften.

Symmetrien: Kepler

Einen ersten Beleg für die zunehmende mathematische Formalisierung naturgesetzlicher Zusammenhänge wie auch für die steigende Bedeutung quantitativ exakter Beobachtungen bietet das Werk von Johannes Kepler (1571–1630); vor allem, wenn man seine frühen und späteren Arbeiten miteinander vergleicht.

Kepler ist davon überzeugt, dass Gott die Welt nach harmonischen Prinzipien erschaffen hat und dass es dem Menschen möglich ist, diese harmonischen Verhältnisse durch Geometrie nachzuvollziehen. So benutzt Kepler in seinem frühen Werk *Mysterium Cosmographicum* von 1596 eine Ineinanderschachtelung der Platonischen Körper, um die Umlaufbahnen der Planeten in unserem Sonnensystem zu beschreiben.

Damals waren sechs Planeten bekannt. Kepler nahm an, dass sie sich auf Kreisbahnen bewegen, und ordnete jedem der Planeten eine Kugelschale zu, auf der die jeweilige Kreisbahn liegen sollte. Die Abstände und Größen dieser sechs konzentrisch angeordneten Kugelschalen ergaben sich nun als Außen- und Innenkugeln der fünf Platonischen Körper (siehe Abb. 2 links; bei

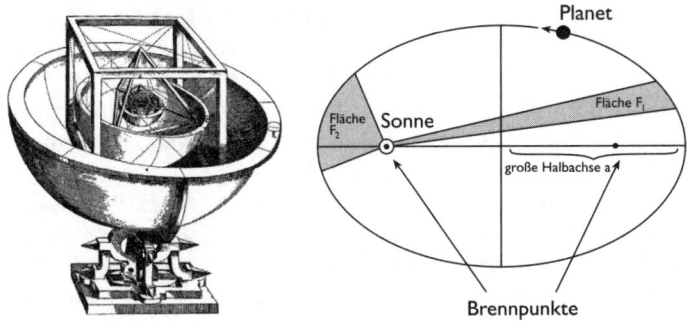

Abbildung 2: links: Keplers Rekonstruktion der Planetenbahnen mittels Ineinanderschachtelung der Platonischen Körper von 1596; rechts: Skizze zu den drei Keplerschen
Planetengesetzen von 1609.

einer Außenkugel liegen sämtliche Ecken des Platonischen Körpers auf eben dieser Kugel, bei der Innenkugel sind es die Mit-
telpunkte sämtlicher Flächen).

Keplers frühe Arbeiten knüpfen damit an die Tradition einer
Mathematisierung und Geometrisierung an, wie sie bereits in
der Antike bei Platon und den Pythagoreern auftrat. Hier wird
die physikalische Argumentation zum Großteil getragen von
Symmetrieüberlegungen und Annahmen über spezielle Zahlenverhältnisse.

Allerdings erwies sich diese Rekonstruktion, die bei Kepler
also vor allem auf allgemeinen geometrischen und metaphysischen Grundüberzeugungen beruhte, als empirisch problematisch. Insbesondere war für die Vorhersage der Bewegung des
Mars die Annahme einer kreisförmigen Umlaufbahn um die
Sonne untauglich. Was die Beobachtungsdaten zeigten, war:
Wenn der Mars sich tatsächlich auf einer Kreisbahn bewegen
sollte, so stand jedenfalls die Sonne nicht in deren Mittelpunkt.
Eine andere Möglichkeit war die Annahme einer elliptischen
Marsbahn. Das konnte mit den empirischen Daten in Einklang
gebracht werden, und außerdem konnte man – im Gegensatz
zum Kreismodell – so an einem geometrisch ausgezeichneten
Ort für die Sonne festhalten: nämlich einem der beiden Brenn-
punkte der Ellipse.

In seiner *Astronomia Nova* von 1609 verallgemeinert Kepler nun die Annahme elliptischer Bahnbewegungen auf sämtliche Planeten – inklusive der Annahme, in einem der beiden Brennpunkte der jeweiligen Ellipsen stehe die Sonne. Das zusammen bezeichnet man heute als erstes Keplersches Gesetz (siehe Abb. 2 rechts).

Die weiteren Keplerschen Gesetze betreffen die Umlaufgeschwindigkeiten und -zeiten der Planeten. Zieht man von der Sonne zum jeweiligen Planeten eine imaginäre Linie, die sich mit dem Planeten um die Sonne bewegt, so überdeckt diese Linie gemäß dem zweiten Keplerschen Gesetz in gleichen Zeiten gleich große Flächen (in Abb. 2 rechts illustriert durch die Flächen F_1 und F_2). Laut dem dritten Keplerschen Gesetz schließlich ist das Verhältnis der Quadrate der Umlaufzeiten T zweier Planeten A und B gleich dem Verhältnis der Kuben ihrer großen Bahnhalbachsen a; also $(T_A/T_B)^2 = (a_A/a_B)^3$.

Die in der *Astronomia Nova* angegebenen Gesetzmäßigkeiten zur Planetenbewegung waren somit deutlich stärker davon geprägt, empirische Daten möglichst exakt mathematisch nachvollziehen zu können, als die eher theoretisch-spekulativen Annahmen des *Mysterium Cosmographicum*. Außerdem stellt Kepler im Werk von 1609, nicht aber in seinem Frühwerk, Überlegungen zu den Ursachen der Planetenbewegung an. Exakte Beobachtungen der Himmelsbewegungen existierten seit den alten Babyloniern, deren Sterntabellen auch Kepler benutzte. Doch die Beobachtung der Gestirne und die Prognose ihrer Konstellationen waren bis Kepler (auch bei Kopernikus noch) unabhängig gewesen von Spekulationen über die Ursachen für die am Himmel sichtbaren Veränderungen. Und Kepler stellt nun die Hypothese auf, die Ursache für die ellipsenförmige Bewegung der Planeten um die Sonne müsse eine Kraft sein.

Im hier behandelten Kontext von allgemeinen physikalischen Erklärungsstrategien ist es höchst bemerkenswert, dass im Fall der Symmetriebetrachtungen zu den Platonischen Körpern eine solche weitere Begründung gar nicht nötig schien. Insbesondere die Symmetrie kreisförmiger Planetenbahnen war sozusagen

«Grund genug». Für die imperfekten Ellipsenbahnen galt das nicht mehr. Ihre Ineinanderschachtelung wurde nicht einfach als gegebenes Faktum akzeptiert, das keiner weiteren Begründung bedurfte oder fähig gewesen wäre. Stattdessen, so Keplers implizite Überzeugung, musste es einen tieferen Grund in Form der Wirkung einer Kraft geben, der erklärt, wie die Planeten quasi davon abgehalten werden, sich auf «perfekten» – also kreisförmigen – Bahnen zu bewegen.

Tatsächlich, so wird sich weiter unten zeigen, haben vor allem in der Teilchenphysik Symmetriebetrachtungen und -erklärungen auch heute einen geradezu selbstgenügsamen Erklärungsanspruch, der nicht weiter hinterfragbar oder begründbar erscheint.

Sprache der Kinematik: Galilei, Newton

Überlegungen zu Symmetrien wie beim frühen Kepler waren aber keinesfalls der einzige Weg hin zur Mathematisierung der Physik. Ein großer Erfolg der Frühen Neuzeit war die allgemeine mathematische Formulierung der Grundgesetze der klassischen Mechanik; und die basierte zu einem großen Teil auch auf anderen geometrischen Betrachtungen sowie auf kinematischen Überlegungen. Dabei meint «Kinematik» die Lehre der Bewegung, schließt also insbesondere die Begriffe Geschwindigkeit und Beschleunigung ein, wie sie zum Teil in der mittelalterlichen Impetustheorie vorbereitet wurden.

Auf Galileo Galilei (1564–1642) – genauer auf sein Werk *Il Saggiatore* (*Die Goldwaage*) von 1623 – geht das berühmte Zitat zurück, wonach das Buch der Natur in der Sprache der Mathematik geschrieben sei. Eine konkrete physikalische Gesetzmäßigkeit, die von ihm gefunden wurde und die als Illustration für die Mathematisierung und die neue Rolle des Experiments in der Frühen Neuzeit dienen kann, ist das Fallgesetz. In seiner ursprünglichen Darstellung basiert es auf den folgenden beiden Zusammenhängen: Erstens, die Fallgeschwindigkeit von Körpern ist proportional zur Fallzeit (und also – solange man den Luftwiderstand vernachlässigt – unabhängig von der Masse und Form eines Körpers). Zweitens, der Fallweg eines Körpers ist proportional zum Quadrat der Fallzeit. Beide Zusammenhänge führte Galilei zunächst auf der Basis allgemeiner kinematischer Überlegungen ein. Anschließend wollte er anhand von Experimenten die Fallbeschleunigung bestimmen und zugleich die Gültigkeit seiner Überlegungen empirisch erhärten. Die Überlegungen wie auch die Experimente waren 1609 im Wesentlichen abgeschlossen, wurden von Galilei aber erst 1639 in seinen *Discorsi* veröffentlicht.

Knapp ein halbes Jahrhundert nach Galileis *Discorsi*, nämlich 1687, erschien das physikalische Hauptwerk von Isaac Newton (1643–1727): die *Philosophiae Naturalis Principia Mathematica,* die *Mathematischen Prinzipien der Naturphilosophie.* Dabei wird «Naturphilosophie» in Anlehnung an die antike Wortverwendung gebraucht, meint also sämtliche Naturwissenschaft oder Naturforschung. So enthält das Werk beispielsweise eine Kosmologie; sein klarer Schwerpunkt liegt allerdings auf dem, was wir heute als klassische Mechanik bezeichnen.

Newtons *Principia* stellen die erste einheitliche und mathematische Gesamtdarstellung der klassischen Mechanik dar und sind damit grundlegend für die weitere formale Entwicklung der Physik. Newton gelingt es, die gesamte Mechanik über drei Grundgesetze einzuführen: Nach dem ersten Gesetz – dem Trägheitsgesetz, das zuvor bereits von Galilei formuliert worden war – verbleibt ein Körper in seinem Bewegungszustand, sofern keine äußere Kraft auf ihn einwirkt. Das zweite Gesetz behandelt den Zusammenhang von Kraft und Bewegungsänderung und wird heute üblicherweise in der Form $F = m \cdot a$ notiert. Dabei bezeichnet F die einwirkende Kraft, m die Masse des bewegten Körpers und a dessen Beschleunigung, d. h. dessen momentane Geschwindigkeitsänderung. Das dritte Gesetz – auch Wechselwirkungsgesetz genannt – besagt, dass es zu jeder Kraft eine Gegenkraft gibt, oder anders formuliert: dass in einem geschlossenen System die Summe aller Kräfte gleich Null ist.

Diese Gesetze hatte Newton vor allem auf der Grundlage von geometrischen und kinematischen Überlegungen eingeführt. Das schloss insbesondere Überlegungen zu Momentangeschwindigkeiten und momentanen Geschwindigkeitsänderungen ein. Nun sind aber «momentane» Veränderungen des Ortes, der Geschwindigkeit usw. solche, die zu unendlich kleinen Zeiten erfolgen. Somit war an einigen Stellen ein mathematisch ausgereifterer Umgang mit Grenzwerten und unendlich kleinen Größen erforderlich, deren mathematische Erfassung Newton selbst entwickelte. Er gilt deshalb bis heute als einer der Begründer der Differentialrechnung (wie unabhängig von ihm auch Leibniz, auf den gleich noch genauer eingegangen wird).

Die *Principia* enthalten außerdem das Newtonsche Gravitationsgesetz. Ausgehend vom zweiten Grundgesetz, mit dem der Kraftbegriff eingeführt wurde, beschreibt das Gravitationsgesetz die Existenz einer masseabhängigen Schwerkraft. Für seine Aufstellung war das dritte Keplersche Planetengesetz wegweisend. Denn aus ihm ergab sich für sämtliche Planeten ein festes und identisches Verhältnis zwischen Umlaufzeit und Sonnenabstand (genauer: großer Bahnhalbachse; siehe oben).[1]

Gemäß dem Newtonschen Gravitationsgesetz ist die Schwerkraft eine Fernwirkung. Das bedeutet, es gibt keinerlei raumdurchgreifende Prozesse, die die Kraft von einem zum anderen Ort übertragen. Würde beispielsweise die Sonne ihre Masse plötzlich ändern, so hätte das laut dem Newtonschen Gravitationsgesetz *sofort und überall* Auswirkungen. Die massebedingte Veränderung der gravitativen Kräfte der Sonne würde nicht zuerst die sonnennächsten und dann die sonnenferneren Planeten und schließlich weitere Teile der Milchstraße erreichen.

Was die Frage nach dem Ursprung und dem Wesen dieser eigentümlichen Kraft betrifft, so gab Newton in einem Anhang zu den *Principia* die berühmte Antwort: *hypotheses non fingo* – «ich ersinne keine Hypothesen».

Allerdings hielt er sich nicht immer so bedeckt. Wie aus anderen Schriften deutlich wird, glaubte Newton – im Gegensatz etwa zu Leibniz – an ein permanentes Eingreifen Gottes in die Schöpfung. Das heißt, auch wenn alle mechanischen Prozesse gemäß den in den *Principia* formulierten Gesetzen ablaufen, so ist die Ursache dafür doch jeweils Gott. Mehr noch: Es gibt Stellen, an denen Newton sich den physikalischen Raum, in dem die gravitativen Kräfte wirken, als eine Art riesigen göttlichen Sinnesapparat vorzustellen scheint.

Vielleicht könnte man sogar so weit gehen zu behaupten, dass – ungeachtet aller Bekundungen Newtons – die Annahme einer Fernwirkung überhaupt nur überzeugend war, *weil* man prinzipiell auf einen allmächtigen Gott verweisen konnte als Urheber einer plötzlichen und überall einsetzenden Kraft. Aber wie dem im Detail auch sei: In jedem Fall wird deutlich, wie hier allgemein metaphysische bzw. theologische Grundüberzeugungen mit im Spiel sind.

Geometrisierung versus Kräfte: Descartes und Leibniz

Galilei und Newton waren in einem Zug zu diskutieren, um so den Entwicklungsstrang zusammenzuhalten hin zur empirisch erfolgreichen und mathematisch präziseren Darstellung der frühneuzeitlichen Physik, d. h. der klassischen Mechanik, mittels kinematischer Überlegungen.

Wie erwähnt, spielten aber auch geometrische Erwägungen weiterhin eine wichtige Rolle. In der Zeit zwischen Galilei und Newton wird das vor allem deutlich im Werk von René Descartes (1596–1650). In seinen *Principia Philosophiae* von 1644 vertritt er die Auffassung, sämtliche Naturerscheinungen seien allein auf der Grundlage geometrischer Prinzipien zu beschreiben.

Den Ausgangspunkt für diese Hoffnung auf eine vollständige Geometrisierung aller Physik sollten die Begriffe Ausdehnung und Bewegung bieten. Sämtliche mechanischen Prozesse sollten beschrieben werden über die äußere Gestalt von Körpern und ihre kontinuierliche Lageänderung im Raum. Hier wird besonders deutlich, was sich im vorigen Kapitel bereits abgezeichnet hatte: Die Grundbegriffe dieser frühneuzeitlichen Physik entsprechen «primären Qualitäten», also solchen Grundeigenschaften, die – anders als die «sekundären Qualitäten» – nicht wesentlich vom Wahrnehmenden, sondern von den physikalischen Körpern selbst abhängen.

Was die konkreten mechanischen Bewegungen und vor allem ihre Übertragung betrifft, nahm Descartes – anders als nach ihm Newton – ein Nahwirkungsprinzip an. Der ganze physikalische

Raum war gemäß Descartes angefüllt mit einer feinen Substanz, dem Äther. Jede Bewegung im Raum wird durch diesen Äther übertragen. Auch wenn es so scheinen mag, als wirke ein Körper direkt auf einen anderen weit entfernten Körper, findet hier laut Descartes in Wirklichkeit eine kontinuierliche Bewegung statt. Am Ursprungsort wird der Äther verwirbelt, und diese Verwirbelungen breiten sich aus, bis sie schließlich den anderen Körper erreichen.

Nicht so sehr das Postulat eines Äthers, wohl aber das von Nahwirkungen mag aus heutiger Perspektive sehr modern klingen. Dass es aber im 17. Jahrhundert in der Folge Descartes' kaum Anhänger fand, lag vor allem an dem stark programmatischen Charakter, den diese Forderung nach einer Geometrisierung der Physik besaß. Denn auch wenn er heute als einer der Wegbereiter der analytischen Geometrie gilt, so gelang es ihm doch nur selten, Algebra und Geometrie so zueinander in Verbindung zu setzen, dass sich geometrische Probleme rechnerisch lösen ließen. Die einzig nennenswerte Ausnahme in diesem Kontext ist das Brechungsgesetz in der Optik.

Auch seine Ätherwirbel-Theorie benutzte Descartes kaum, um konkrete physikalische Phänomene und Gesetzmäßigkeiten zu diskutieren. Das wohl berühmteste Beispiel in diesem Kontext sind die Gesetzmäßigkeiten, mit denen er das Verhalten zweier Körper beim Stoß beschreibt. Insgesamt sieben naturgesetzliche Zusammenhänge werden von ihm ohne Verwendung analytisch-geometrischer Methoden in Form von Regeln aufgestellt. Zudem sind mehrere dieser Regeln klarerweise empirisch unzutreffend – wie zum Beispiel diejenige, wonach ein leichterer Körper niemals einen schwereren Körper durch Stoß in Bewegung versetzen könne.

Vor allem Gottfried Wilhelm Leibniz (1646–1716) hat die Physik von Descartes stark kritisiert – und zwar sowohl die Stoßregeln als auch die allgemeine Idee einer Auflösung der Physik in Geometrie.

Was Ersteres betrifft, so ist bemerkenswert, dass Leibniz nicht vornehmlich einzelne Stoßregeln kritiert – obwohl ihm deren empirische Inadäquatheit bewusst war. Er formuliert seine Kritik vielmehr über ein allgemeines theoretisches Prinzip, das er für physikalisch grundlegend hält: das Kontinuitätsprinzip. Die Natur, so Leibniz, mache keine Sprünge. Sämtliche Prozesse und Abstufungen in der Natur seien kontinuierlich oder gingen auf eine kontinuierliche Veränderung zurück.

Im Fall zweier völlig beliebiger konkreter Stoßprozesse A und B impliziert das Kontinuitätsprinzip Folgendes: Variiert man die Ausgangsgeschwindigkeiten und Massen beim Stoßprozess A derart, dass sich diese kontinuierlich den entsprechenden Bedingungen beim Stoßprozess B annähern, so müssen sich auch die Endgeschwindigkeiten von Stoßprozess A kontinuierlich denjenigen von Stoßprozess B annähern. Aus einer Angleichung der Ausgangsbedingungen muss auch eine Angleichung der resultierenden Bewegungen folgen. Und genau dieses Prinzip gilt nicht für die Stoßregeln Descartes'. Unter den sieben Regeln gibt es solche, die bezüglich der Ausgangsgeschwindigkeiten Grenzfälle bilden, also kontinuierlich ineinander übergehen – allerdings ohne dass auch die vorhergesagten Endgeschwindigkeiten kontinuierlich ineinander übergingen.

Unabhängig von der Betrachtung empirischer Einzelfälle *konnten* also gemäß Leibniz Descartes' Stoßregeln gar nicht korrekt sein. Sie brachen mit einem fundamentalen Naturprinzip, dem Kontinuitätsprinzip, das seinerseits für Leibniz auf einer noch allgemeineren (metaphysischen) Grundannahme basierte: dem «Prinzip vom zureichenden Grunde», wonach es für alles einen hinreichenden Grund oder eine Ursache gibt. Es kann aber in den gerade kritisierten Fällen nach Leibniz keinen hinreichenden Grund für die genaue Größe der Diskontinuitäten geben. Die Sprünge, die bei Descartes bei den Anfangs- und Endgeschwindigkeiten auftreten, haben sozusagen eine willkürliche Größe – doch das, so Leibniz, könne nicht sein.

Seine eigene Physik präsentiert Leibniz 1695 im *Specimen Dynamicum*. Die physikalische Grundgröße dieser Dynamik bezeichnet Leibniz mit *vis*, dem lateinischen Wort für «Kraft». Verglichen mit der modernen physikalische Terminologie sollte man allerdings besser von «Energie» sprechen.

Im Unterschied zur Kinematik bei Galileo und Newton steht

also nicht nur die Bewegung, sondern vor allem deren Ursprung im Fokus. Genauer unterscheidet Leibniz zwischen *vis mortua* und *vis viva*, also einer «toten Kraft» und einer «lebendigen Kraft», was in etwa unserer heutigen Unterscheidung zwischen potentieller und kinetischer Energie entspricht. Außerdem geht er davon aus, dass diese «Kräfte» sich zwar von einem zum anderen Körper übertragen lassen, nicht aber aus dem Nichts erzeugt oder vernichtet werden können. D. h. wir finden bei Leibniz (anders als bei Descartes und Newton) bereits einen Vorläufer des späteren allgemeinen Energieerhaltungssatzes. Außerdem findet sich bei Leibniz (wie auch bei Newton, aber anders als bei Descartes) der Impulserhaltungssatz, aus dem dann die empirisch adäquaten Stoßgesetze resultieren.

Es ist genau dieser Kraft- bzw. Energiebegriff, der den fundamentalen Unterschied zu Descartes' Programm einer Geometrisierung der Physik ausmacht. Laut Descartes sind Ausdehnung und Bewegung die Grundgrößen der Physik; und die sollten rein geometrisch beschrieben werden. Für Leibniz ist demgegenüber jede Bewegung und auch die Größe und Form eines Körpers eine Folge von «Kräften». Wenn ein Gegenstand, beispielsweise ein Stein, eine gewisse Ausdehnung hat, so ist diese gegeben als der Bereich, in den man, beispielsweise durch einen Druck mit dem Daumen, nicht eindringen kann. Das hat nach Leibniz nichts mit rein geometrischen Gestalteigenschaften zu tun, sondern mit der Wechselwirkung von «Kräften». Die zurückdrängenden «Kräfte» des Steins sind, wenn man seine Oberfläche berührt, einfach größer als die eindringenden Kräfte, die man mit seinem Daumen ausübt. Damit fällt für Leibniz die übliche Trennung von primären und sekundären Qualitäten weg. Ausdehnung und Bewegung sind, genau wie beispielsweise Hitze und Farbe, Eigenschaften, die in erster Linie etwas mit unserer Wahrnehmung zu tun haben.

Leibniz versteht seine Physik, oder besser: Dynamik, als direkte Antwort auf Descartes. Weiterhin betrachtet er sie als eine Antwort auf Newton, dessen *Principia* ihm nicht weit genug gingen, was eine echte *Begründung* der Physik betrifft. Ein Gravitationsgesetz aufzustellen, ohne es zu begründen, bzw. sogar explizit zu behaupten, man wolle keine Hypothesen über dessen Ursprung aufstellen, wirkte auf Leibniz wie eine wissenschaftliche Bankrotterklärung. In der Physik muss es nach Leibniz darum gehen, Bewegungen mitsamt ihren Ursachen zu verstehen. Dazu ist ein tieferes Verständnis von Kräften gefordert, auch wenn man sich diesen eventuell zunächst in Form von Hypothesen anzunähern hat.

Allerdings bleibt – zumindest im konkreten Fall des Gravitationsgesetzes – Leibniz die Details einer solch tieferen Begründung oder gar eine Herleitung schuldig. Und so mag er nochmals als Beispiel dafür dienen, wie stark in der Frühen Neuzeit viele der zentralen Überlegungen und wegweisenden Ansätze in der Physik durchtränkt sind von allgemeinen metaphysischen und programmatischen Grundüberzeugungen.

Vergleich der aristotelischen mit der frühneuzeitlichen Physik

Mit Blick auf die erkenntnistheoretischen Motive, die hier im Fokus stehen, zeichnet sich die frühneuzeitliche Physik, wie erwähnt, insbesondere durch ihre vereinheitlichenden Abstraktionen und ihre zunehmende Mathematisierung aus. Vor allem im Vergleich zur aristotelischen Physik befand sie sich damit in vielen Bereichen in einer besseren Ausgangslage, um quantitative Vorhersagen zu machen.

Ein wichtiges Charakteristikum, an dem sich diese Entwicklung leicht einsehen lässt, ist die Abwertung von physikalischen Beschreibungen, die auf sinnlich-wahrnehmbare Qualitäten Bezug nehmen. Bei keinem der in diesem Abschnitt behandelten Autoren spielten diese sekundären Qualitäten eine wichtige Rolle – ganz anders als in der aristotelischen Physik, die mittels dieser Qualitäten gerade den direkten Anschluss an die Erfahrungswelt gesucht hatte. So hat Descartes, wie eben diskutiert, die Beschränkung auf primäre Qualitäten zum Programm der Physik erhoben; und Leibniz war sogar noch einen Schritt weiter gegangen und betrachtete selbst Descartes' (vermeintliche) primäre Qualitäten als bloße Konsequenzen eines allumfassenden Kraftbegriffs.

Ein weiterer wichtiger Unterschied betrifft die Beschreibungen über Zweckursachen. Deren Bedeutung geht innerhalb der Physik klarerweise zurück. Allerdings handelt es sich tatsächlich «nur» um einen Rückgang und nicht etwa um einen strikten historischen *Bruch*. Abgesehen von der oben schon behandelten Tatsache, dass der aristotelische Zweckbegriff gar nicht so voraussetzungsreich war, wie oft suggeriert wird, ist es auch umgekehrt nicht etwa so, dass mit einer Mathematisierung der Physik unweigerlich zweckursächliche Beschreibungen verschwinden würden. Vielmehr treten nun zweckursächliche Beschreibungen in mathematisierter Form auf – und einer der ersten, dem dies bewusst wird, ist Leibniz.

Es war gelungen, das Brechungsgesetz – und damit letztlich die geometrische Optik – aus einem allgemeinen Prinzip herzuleiten: aus der Annahme, das Licht nehme immer den kürzesten Weg. Im Gegensatz zu Beschreibungen über Wirkursachen, bei denen der Endzustand eines Systems keine Rolle spielt, nimmt diese Beschreibung von vornherein expliziten Bezug auf den Endpunkt der Lichtausbreitung. Licht breitet sich nicht einfach aus, sondern steuert quasi direkt auf sein Ziel zu. Dieser Sachverhalt wird zwar mathematisiert in Form des «Prinzips der kleinsten Wirkung», aber von seiner allgemeinen Struktur her ist es, wie Leibniz betont, eine zweckursächliche Beschreibung. Ähnlich wie bei Aristoteles alle Körper ihrem natürlichen Ort zustreben, strebt hier das Licht seinem Ziel auf kürzestem Wege entgegen.

Leibniz gibt sogar eine psychologische Erklärung dafür, warum die Physik manchmal auf solche Beschreibungen zurückgreife. Eigentlich seien sämtliche physikalischen Abläufe über Wirkursachen miteinander verbunden. Steine und Billardkugeln verfolgen keine Zwecke, sie folgen Kräften. Dementsprechend, so Leibniz, sind sie auch über wirkursächliche Zusammenhänge beschreibbar – zumindest *im Prinzip*. Allerdings sind die wirkursächlichen Zusammenhänge oftmals so komplex, dass es uns Menschen faktisch nicht gelingt (oder *noch nicht* gelingt), sie offenzulegen. Genau in diesen Fällen greife der Physiker auf zweckursächliche Beschreibungen zurück.

Denn mit ihnen tue er sich in der Regel leichter, weil sie genau derjenigen Form der ursächlichen Verknüpfung entsprechen, mit denen jeder Mensch permanent konfrontiert ist. Unser tägliches Handeln und unser geistiges Leben sind geprägt von Zwecksetzungen, und dementsprechend ist es manchmal einfacher, physikalische Prozesse zweckursächlich zu beschreiben. Außerdem – doch diese Erklärung hatte in der Frühen Neuzeit sicherlich mehr Überzeugungskraft als heutzutage – offenbart sich für Leibniz in der Tatsache, dass physikalische Abläufe nicht nur über Kräfte, sondern auch über Zwecke beschrieben werden können, die Natur als das Werk eines himmlischen Schöpfers.

3. 19./20. Jahrhundert: Verlust der Anschaulichkeit

Im 19. und 20. Jahrhundert schreitet die Mathematisierung der Physik weiter voran. Um Phänomene mathematisch (erfolgreich) handhabbar zu machen, wurden Komplexitäten reduziert, womit ein zunehmender Verlust an Anschaulichkeit verbunden war. Schon in der Frühen Neuzeit meinte das vor allem eine Abkehr von Beschreibungen mittels sekundärer Qualitäten. Nun verstärkte sich diese Tendenz, und die Physik entfernte sich immer mehr davon, eine Beschreibung des direkt Wahrgenommenen zu sein, und der Vergleich mit einzelnen Alltagserscheinungen wurde zusehends indirekter.

Eine solche Entwicklung bleibt nicht ohne Einfluss auf die Darstellungsform. Da ich im Folgenden nicht über Gebühr vereinfachen möchte, kann dieses Kapitel nicht mehr in allen Belangen so anschaulich ausfallen wie die beiden vorigen. Außerdem tritt im Vergleich zu den ersten beiden Kapiteln die Bezugnahme auf einzelne Personen zurück. Stattdessen rückt die Diskussion der Entwicklung einzelner Theorien in den Vordergrund. Das heißt nicht, dass einzelne Personen nicht weiterhin genannt würden oder ihre Beiträge nicht wichtig wären. Was es allerdings zeigt, ist die zunehmende Vernetzung der Physik und wie sich hier – im Vergleich zur Frühen Neuzeit und vor allem zur Antike – eine Disziplin mitsamt ihren Diskursen zunehmend etabliert und strukturiert hat.

Bevor es in diesem Zusammenhang ausführlicher um die Entwicklung der Elektrodynamik gehen wird, zunächst noch ein paar Anmerkungen zu wichtigen Weiterentwicklungen der klassischen Mechanik im 18. und 19. Jahrhundert.

Da sind zum einen die statistische Physik und die Thermodynamik zu nennen. Denkt man sich alltägliche physikalische Körper als aus vielen kleinen Bestandteilen aufgebaut, so hat man es bei makroskopischen Beschreibungen immer mit einer immens großen Zahl von Teilchen zu tun. Ein Liter Gas beispielsweise enthält mehr als zehn Trilliarden (10^{22}) Moleküle. Weil aber deren Verhalten viel zu komplex ist, als dass man es einzeln und im Detail behandeln könnte, wird auf Beschreibungen über Mittelwerte und dergleichen zurückgegriffen. Ab der Mitte des 19. Jahrhunderts entwickelte sich so die kinetische Gastheorie und allgemeiner die statistische Mechanik. Die grundlegenden Arbeiten hierzu stammen von James Clerk Maxwell (1831–1879) sowie vor allem von Rudolf Clausius (1822–1888) und Ludwig Boltzmann (1844–1906). In der neuen Theorie wurde neben den bekannten Größen wie Druck und Volumen eine physikalische Beschreibungsgröße zentral, die nicht in der klassischen Mechanik vorkam: nämlich die Temperatur, die nun mit der mittleren kinetischen Energie der im Gas enthaltenen Moleküle identifiziert wurde. Somit ergaben sich zugleich Verbindungen zu einer anderen neuen Subdisziplin der Physik: der Thermodynamik. Sie war nicht zuletzt aus dem Versuch entstanden, die Wirkweise der Dampfmaschine theoretisch genauer zu durchdringen. Anschließend wurde sie durch allgemeinere Überlegungen zur Erhaltung und Umwandlung von Energie ergänzt, so dass sich weitere Verknüpfungen zur kinetischen Gastheorie und zur statistischen Mechanik ergaben.

Als andere wichtige Weiterentwicklung der klassischen Mechanik sind formale Neuerungen zu nennen. Insbesondere die Arbeiten von Leonard Euler (1707–1783), Joseph-Louis Lagrange (1736–1813) und William Rowan Hamilton (1805–1865) prägten nun die mathematische Darstellung der Mechanik. Sie schufen einen Rahmen für die allgemeine Beschreibung physikalischer Wechselwirkungen, der sich anschließend auch auf andere Phänomenbereiche der Physik übertragen ließ und ohne den die Entwicklung von Elektrodynamik und Quantenmechanik kaum vorstellbar gewesen wäre.

Elektrodynamik: (Dis-)Analogien zur Mechanik

Der oben erwähnte Verlust der Anschaulichkeit wird im 19. Jahrhundert insbesondere durch das Aufkommen der Elektrodynamik forciert. Wichtige Arbeiten in diesem neuen Bereich der Physik, der auf die vereinheitlichte Beschreibung (klassischer) elektrischer und magnetischer Phänomene abzielte, stammen von André-Marie Ampère (1775–1836), Michael Faraday (1791–1867) und dem schon erwähnten Maxwell.

Obwohl es sich um einen völlig neuen Typ einer physikalischen Wechselwirkung handelte, wurden damals aktuelle Arbeiten und Erkenntnisse aus dem Kontext der Mechanik wichtig – insbesondere der Kontinuumsmechanik und der Strömungslehre. Denn sie eröffneten so etwas wie einen Wechsel der Betrachtungsperspektive.

Dieser Perspektivenwechsel bestand darin, die zeitliche Entwicklung mechanischer Systeme nicht mehr zu beschreiben, indem man die Bewegung einzelner physikalischer Objekte durch den Raum verfolgt. Stattdessen, das hatten insbesondere Arbeiten von Euler gezeigt, konnte man äquivalent auch die zeitliche Entwicklung der mechanischen Eigenschaften an einzelnen Raumpunkten verfolgen. Eine direkte Bezugnahme auf irgendwelche Objekte oder Teilchen war aus dieser Perspektive nicht nötig. Man wechselte von einer sogenannten «teilchentheoretischen» zu einer «feldtheoretischen Beschreibung».

Ein einfaches Beispiel für einen Fall, bei dem eine feldtheoretische Beschreibung näher liegt als eine teilchentheoretische, ist die Strömung einer Flüssigkeit durch ein Rohr. Typische Fragen, die sich hier stellen, betreffen die Fließgeschwindigkeit im Rohr oder die Austrittsmenge an dessen Ende. Doch diese Fragen haben mit Eigenschaften wie Geschwindigkeit und Druck an bestimmten Orten im Rohr zu tun. Sie sind nicht zu verwechseln mit der (teilchentheoretischen) Frage, welches Flüssigkeitspartikel sich gerade an welchem Ort befindet.

Weitere Alltagsbeispiele für feldtheoretische Beschreibungen bietet beispielsweise der Blick auf eine Wetterkarte. Hier werden Temperaturen und Windverhältnisse für einzelne Orte und in ihrer zeitlichen Entwicklung angegeben. Aber es werden nicht die Träger dieser Eigenschaften (hier also konkrete Luftmassen) in ihrer Bewegung durch Zeit und Raum verfolgt. Das ist allenfalls annähernd für die Darstellung von Hoch- und Tiefdruckgebieten der Fall. Aber sicherlich gibt es beispielsweise bei der Temperatur keine Angaben der Art, die 17°C heute in Köln seien die gleichen wie die 19°C morgen in Dresden.

Allgemein versteht man heute in der Physik unter dem Begriff «Feld» die Zuordnung einer physikalischen Eigenschaft zu Punkten in Raum und Zeit. Dabei muss es sich, anders als bei der Temperatur, nicht um einzelne Zahlen (skalare Größen) handeln. Es können durchaus auch komplexere mathematische Objekte zugeordnet werden, wie es ja bereits das Beispiel der Windverhältnisse bei der Wetterkarte zeigt. Denn diese werden in Form von Pfeilen (Vektoren) dargestellt, die sowohl eine bestimmte Ausrichtung als auch eine bestimmte Länge haben, die die Windrichtung bzw. die Windstärke angeben.

Wie bereits angedeutet, war die theoretische Entwicklung der Elektrodynamik geprägt von einer zunächst sehr fruchtbaren Anlehnung an feldtheoretische Beschreibungen der Strömungslehre und Kontinuumsmechanik. Allerdings kamen diese Anlehnungen und Analogiebildungen bald an ein Ende. Insbesondere die Beschreibung elektromagnetischer Wellen, deren Existenz zunächst vermutet und dann durch Heinrich Hertz (1857–1894) experimentell erhärtet wurde, bereitete Schwierigkeiten. Im direkten Anschluss an die Mechanik stellte man sich diese Wellen analog zu Kompressions- und Scherwellen vor; d. h. gleichartig zu denjenigen Formen mechanischer Schwingungen, die entstehen, wenn man einen Körper kurz zusammendrückt oder in sich verdreht.

Solche mechanischen Wellen treten aber nur dann auf, wenn man einen Körper als Trägermedium hat. Das Gleiche gilt für Wasserwellen und Schallwellen: Dies sind ebenfalls Schwingungen eines Mediums, nämlich des Wassers bzw. der Luft. Dementsprechend nahm man auch für die elektromagnetischen Wellen ein solches Trägermedium an: den Äther.

Die Annahme eines solchen Äthers begünstigte zugleich die Beschreibung über Nahwirkungen, wie sie für eine feldtheoretische Beschreibung typisch ist. Ähnlich wie in Descartes' mechanistischer Äthertheorie wurde nun jede Übertragung von elektromagnetischen Kräften als eine sich kontinuierlich fortsetzende Bewegung bzw. Schwingung dieses Äthers verstanden – eben genau so, wie sich auch Wasser- und Schallwellen kontinuierlich im Wasser bzw. in der Luft ausbreiten. Eine ruhige Seeoberfläche, in die an einer Stelle ein Stein eintaucht, ist nicht sofort und überall in Bewegung (das entspräche vielmehr der Annahme einer Fernwirkung wie bei der Newtonschen Gravitation), sondern diese Bewegung breitet sich mit einer bestimmten Geschwindigkeit kontinuierlich und kreisförmig aus.

Dass es einen Äther geben muss, in dem sich elektromagnetische Wellen ausbreiten, schien geradezu offensichtlich. Oder andersherum formuliert: Wie könnte es denn überhaupt elektromagnetische Wellen geben, wenn es nichts gibt, das schwingt?

Tatsächlich bewährten sich die theoretischen Beschreibungen, die einen Äther annahmen, jedoch nicht. Insbesondere scheiterten alle Versuche, seine Existenz experimentell nachzuweisen. So sollte das berühmte Michelson-Morley-Experiment ursprünglich dazu dienen, den Einfluss einer Relativbewegung des Äthers auf die Ausbreitung elektromagnetischer Wellen (Licht) zu bestimmen. Allerdings fand man keinerlei Einfluss; und so wurde das Michelson-Morley-Experiment unerwartet zu einem wichtigen Indiz, das gegen die Existenz eines Äthers sprach.

So unglaublich – und unanschaulich – es klingt: Offenbar gab es elektromagnetische Wellen, ohne dass dabei irgendeine Substanz oder ein Medium schwingt. – Und das war nur eine der ungewohnten Konsequenzen des Elektromagnetismus.

Kaum war gegen Ende des 19. Jahrhunderts die theoretische Beschreibung elektromagnetischer Phänomene im Rahmen einer ersten klassischen Feldtheorie in befriedigender Weise gelungen, offenbarten sich weitere Schwierigkeiten. Insbesondere, das zeigte eine Arbeit von Henri Poincaré (1854–1912) aus dem

Jahre 1906, ist die Feldtheorie des Elektromagnetismus nicht ohne Weiteres mit der Annahme der Existenz ausgedehnter Ladungsteilchen vereinbar. Da sich gleichnamige Ladungen abstoßen, wäre ein Materieteilchen in Form einer ausgedehnten Ladung immer instabil und würde zerbersten.

Vereinheitlichte Feldtheorie: Physik als Geometrie

Zu Beginn des 20. Jahrhunderts stellte sich die Situation also wie folgt dar. Es waren zwei Arten der Wechselwirkung zwischen Materie bekannt: mittels Schwerkraft und mittels elektrischer bzw. magnetischer Kräfte. Ersteres wurde durch Newtons Gravitationsgesetz im Rahmen der klassischen Mechanik beschrieben, und die Beschreibung der beiden anderen war nun in der Elektrodynamik vereinheitlicht. Damit standen sich auf der Ebene der fundamentalen Beschreibungen physikalischer Wechselwirkungen zwei unterschiedliche Typen von Theorien gegenüber: die Teilchentheorie der klassischen Mechanik, die die Existenz von Fernwirkungen und ausgedehnter Materie annimmt; und die Feldtheorie des Elektromagnetismus, die, wie gerade diskutiert, eine Nahwirkung annimmt und schwerlich mit der Existenz ausgedehnter Teilchen vereinbar ist.

Diese Situation war für viele Physiker unbefriedigend, und man stellte sich die Frage, ob denn nicht sämtliche Physik mittels eines Theorietyps (oder besser noch: mittels einer einzigen Theorie) beschrieben werden könne. Da der Elektromagnetismus kurz zuvor so großartige Erfolge erzielt hatte und mittlerweile auch das Nahwirkungsprinzip von vielen Physikern als plausibel und überzeugend betrachtet wurde, gingen die Vereinheitlichungsversuche zu Beginn des 20. Jahrhunderts in Richtung Feldtheorie. Das heißt, man versuchte, die ganze Physik – also gravitative und elektromagnetische Wechselwirkungen – in eine einheitliche feldtheoretische Form zu gießen.

Ein wichtiger Wegbereiter in dieser Richtung war Gustav Mie (1868–1957). In zwei Arbeiten aus dem Jahre 1912 gab er sein, wie er es nannte, «Elektromagnetisches Programm» aus. Das Ziel war eine Verallgemeinerung der Grundgleichungen der Elektrodynamik (d. h. der Maxwell-Gleichungen), so dass diese neben den elektromagnetischen auch sämtliche mechanischen Phänomene, inklusive Gravitationswechselwirkungen, beschreiben würden.

Ferner hoffte Mie, die Materie zu einer Art Epiphänomen des Feldes machen zu können: Das, was in der Beobachtung als Materie oder als Teilchen *erscheint*, sollte in der neuen Theorie nichts anderes sein als ein Ort besonders hoher Felddichte – ein «Knoten im Weltäther», wie Mie es nannte.

Allerdings verblieb Mies Ansatz im Stadium programmatischer Vorgaben und skizzenhafter Andeutungen. Es gelang ihm nicht, eine konkrete Theorie auszuarbeiten, vielmehr führten seine Ansätze direkt zu einigen theoretisch und empirisch unplausiblen Konsequenzen und Schwierigkeiten.[2]

Drei Jahre nach Mie, also 1915, stellte Albert Einstein (1879–1955) die Allgemeine Relativitätstheorie auf. Dabei handelte es sich um eine (klassische) Feldtheorie der Gravitation. Neu war außerdem, dass die Kräfte, die zwischen Körpern aufgrund ihrer Massen wirken, nun beschrieben wurden durch die Geometrie von Raum und Zeit – oder, etwas genauer, der vierdimensionalen Raumzeit. Der Allgemeinen Relativitätstheorie zufolge haben Körper einen Einfluss auf die Struktur der Raumzeit (sie krümmen, verformen sie), und ihre Bewegungen folgen dieser Struktur. Vereinfacht kann man das mit folgender Situation vergleichen: Legt man einen schweren Gegenstand auf ein Trampolin, so verformt sich an dieser Stelle die zuvor noch ebene Fläche. Legt man anschließend einen leichteren Gegenstand in die Nähe des schweren, so rollt der leichte Körper der verformten Oberfläche entlang auf den schweren zu. Die Bewegung folgt der Geometrie (genauer: der Krümmung) der Oberfläche des Trampolins. Und laut Allgemeiner Relativitätstheorie gilt etwas Analoges für die Gravitation und die Krümmung der Raumzeit.

Damit wurden beide damals bekannten Wechselwirkungen (Elektromagnetismus und Gravitation) mittels je einer Feldtheorie beschrieben, und es wuchs die Hoffnung, sie zu einer einzigen vereinheitlichten Feldtheorie zusammenzuführen.

Ein wichtiger Ansatz hierzu stammt von Hermann Weyl (1885–1955) aus dem Jahre 1918. Sein Ausgangspunkt war nicht mehr, wie bei Mie, der Elektromagnetismus, sondern die Allgemeine Relativitätstheorie. Die dahinterstehende mathematische Grundidee bezeichnete Weyl als «reine Infinitesimalgeometrie». Der Übergang von der Mechanik zur Allgemeinen Relativitätstheorie konnte nämlich verstanden werden als ein Übergang von Beschreibungen mittels Euklidischer Geometrie zu solchen mittels Riemannscher Geometrie. Letzteres erlaubt die Darstellung des Verhaltens von Körpern auf gekrümmten Oberflächen – und mit der Allgemeinen Relativitätstheorie war ja eine gekrümmte Raumzeit zentral geworden für die Beschreibung gravitativer Wechselwirkungen.

Euklidische und Riemannsche Geometrie unterscheiden sich insbesondere, was das Verhalten von physikalischen Größen betrifft, die durch Vektoren beschrieben werden. Bei einer Riemannschen Geometrie kann ein Vektor, der durch die Raumzeit zurück zu seinem Ausgangspunkt transportiert wird, seine Richtung ändern. In der Euklidischen Geometrie ist dies nicht möglich. Die Riemannsche Geometrie ist also in gewisser Weise nicht so einschränkend (nicht so «starr») und stellt dementsprechend eine Verallgemeinerung der Euklidischen Geometrie dar.

Weyl nahm nun an, man müsse diese Verallgemeinerung der Geometrie noch weitertreiben und erlauben, dass sich nicht nur die Richtung, sondern auch die Länge von Vektoren beim Transport durch die Raumzeit ändere. Die Länge von Objekten an verschiedenen Orten konnte nicht mehr universell verglichen werden, es bedurfte jeweils eines direkten Längenvergleichs vor Ort: einer «lokalen Eichung».

Mathematisch bedeutete das die Einführung eines ortsabhängigen Faktors. Und für diesen lokalen Eichfaktor fand Weyl nun eine erstaunliche Interpretation. So wie er im Formalismus auftrat, konnte er mit einer elektrodynamischen Grundgröße identifiziert werden: dem elektrischen Potential. Es schien also, als sei es Weyl tatsächlich gelungen, durch eine Verallgemeinerung der Geometrie eine Vereinheitlichung der Physik herbeizuführen. Allerdings war dieser Erfolg vor allem ein formaler. Der Anschluss an die Empirie war, wie sich sehr bald herausstellte und unter anderem von Einstein und von Wolfgang Pauli

(1900–1958) kritisiert wurde, unbefriedigend. So waren einige der Ladungs- und Massenverhältnisse, die man mittlerweile im Bereich des Atomaren experimentell bestimmt hatte, nur schwer verträglich mit Weyls Theorie. Vor allem aber gab es keinerlei Evidenz für die Annahme des Prinzips einer lokalen Eichung. Eine lokale Eichung hätte unweigerlich zu Variationen in den Atomspektren einzelner Elemente führen müssen, was aber nicht beobachtet wurde.

Inhaltlich konnte sich Weyls Ansatz also nicht durchsetzen. Allerdings blieb diese Neuauflage der alten Idee, alle Physik auf die Geometrie zu reduzieren, sehr einflussreich für die Physik des 20. Jahrhunderts. Und im Vergleich zu den Geometrisierungsversuchen von Platon und Descartes hatte sie nun eine mathematisch deutlich stärker ausgearbeitete Form erhalten.

Ein Physiker, der direkt von Weyls Ansatz beeinflusst wurde, war Theodor Kaluza (1885–1954). Auch er versuchte, die Elektrodynamik im Zuge einer einheitlichen Geometrisierung in den Rahmen der Allgemeinen Relativitätstheorie einzubinden. Anders als Weyl hielt er aber an der Riemannschen Geometrie fest. In einer berühmten Arbeit von 1921 macht er den Vorschlag, die Elektrodynamik dadurch einzubinden – oder, etwas metaphorischer ausgedrückt: ihr dadurch Raum zu verschaffen –, dass man von der vierdimensionalen zu einer fünfdimensionalen Feldtheorie übergeht. Somit erfüllt die fünfte Dimension vor allem einen innertheoretischen Zweck – und hat nicht etwa den Status einer direkt beobachtbaren makroskopischen Ausdehnung. Wenig später, 1926, zeigte Oskar Klein (1894–1977), dass man sich die fünfte Dimension als «aufgerollt» vorstellen könne. Sie ist damit makroskopisch «unsichtbar» in der Weise, wie etwa eine Röhrennudel oder ein Strohhalm, aus der Entfernung betrachtet, nicht mehr eine zweidimensionale Zylindergestalt aufweist, sondern nur als eindimensionale Linie erscheint.

In seinem ursprünglichen Kontext – also im Rahmen der Suche nach einer vereinheitlichten (klassischen) Feldtheorie – hatte dieser Ansatz allerdings keinen großen Einfluss oder unmittelbaren Erfolg. Nennenswert ist er trotzdem, denn die Annahme zusätzlicher Dimensionen spielt heute eine wichtige Rolle in der

Stringtheorie, dem seit rund drei Jahrzehnten wohl am meisten diskutierten Ansatz für eine Vereinheitlichung aller Physik (siehe unten).

Sämtliche Versuche vom Anfang des 20. Jahrhunderts, eine Vereinheitlichte Feldtheorie aufzustellen, krankten letztlich am gleichen Problem: der Beschreibung atomarer Phänomene. Sobald man es nicht mehr mit makroskopischen Objekten und Phänomenen zu tun hat, treten viele physikalische Größen nicht mehr kontinuierlich verteilt auf, sondern nur in diskreten Portionen oder Vielfachen eines bestimmten Wertes: Sie sind quantisiert. So findet man beispielsweise keine beliebigen Werte für elektrische Ladungen, sondern sämtliche Ladungen, die man misst, sind Vielfache der Ladung des Elektrons. Und es schien kaum möglich, innerhalb eines feldtheoretischen Ansatzes, dessen Grundgleichungen allesamt kontinuierlich sind, diese diskreten Werte formal herleiten zu können.[3]

Diese Tatsache, wie auch weitere experimentelle und theoretische Befunde, die die diskreten Strukturen im atomaren Bereich belegten, bereiteten der Quantenmechanik den Weg, die Mitte der 1920er Jahre aufgestellt wurde. Zur gleichen Zeit starben bei den meisten Physikern die Hoffnungen und Bemühungen um eine Vereinheitlichte Feldtheorie. Allerdings nicht bei Albert Einstein, der dem Projekt einer solchen (klassischen) Vereinheitlichung von etwa 1921 bis zu seinem Tode treu blieb. Er hoffte insbesondere, die üblichen Materievorstellungen überwinden zu können. Diese Hoffnung hatte viel mit seinen Ressentiments gegenüber der Quantenphysik zu tun – obwohl er doch selbst, wie sich gleich zeigen wird, maßgeblich zum Aufkommen dieser neuen Theorie beigetragen hatte.

Quantenphysik: Diskontinuitäten im atomaren Bereich

Den Begriff des Quantums hatte Max Planck (1858–1947) in einer Arbeit aus dem Jahr 1900 eingeführt, in der es um die Energieverteilung in einem «schwarzen Körper» ging. In geradezu empiristischer Manier hatte Planck hier einfach eine multiplikative Konstante eingeführt, um so zwei experimentell bekannte Grenzfälle in einem einzigen formalen Ausdruck zusammenfas-

sen zu können. Allerdings implizierte dies – entgegen Plancks ur-
sprünglicher Überzeugung –, dass die Energieübertragung in einem solchen Körper nicht kontinuierlich erfolgt, sondern nur in
Vielfachen eben dieser neuen Konstanten h, die man heute als
«Plancksches Wirkungsquantum» bezeichnet.

Einstein radikalisierte 1905 diese Konsequenz durch seine Interpretation des photoelektrischen Effekts, der zufolge Licht aus
Teilchen (Photonen) besteht und die Energie eines einzelnen
Photons die relevante Größe ist, um Bindungselektronen aus
der Oberfläche eines Metalls zu lösen. Zwischen 1911 und 1914
zeigten dann die Versuche von James Franck und Gustav Hertz,
dass sich Elektronen in Atomen auf diskreten Energieniveaus
befinden. 1913 stellte Niels Bohr sein Atommodell vor, wonach
sich Elektronen um den Atomkern nur auf bestimmten Bahnen
stabil bewegen können und diese Bahnen ihrerseits durch ganzzahlige Vielfache des Planckschen Wirkungsquantums bestimmt
sind. Weiterhin fanden Otto Stern und Walther Gerlach in ihrem
Experiment von 1922, dass bei Silberatomen der Drehimpuls
nicht in beliebige Raumrichtungen stehen kann, sondern ebenfalls «quantisiert» ist.

Wie bereits angedeutet, wurde es zusehends schwieriger, all
diese Befunde in überzeugender und einheitlicher Weise mit
den Mitteln der klassischen Feldtheorie und Mechanik zu beschreiben. Selbst Analogiebildungen, die nicht auf umfassende
Theorien, sondern bloß auf die Beschreibung von einzelnen
Phänomenen abzielten, kamen an ein Ende.

So waren beispielsweise die Annahme eines atomaren Drehimpulses und auch Bohrs Atommodell selbst bereits geistige
Konstrukte, die jeweils aus Analogieüberlegungen aus dem
Bereich der makroskopischen Physik entstanden waren – in
diesem Fall aus der Physik des Kreisels und den Kontexten von
Astronomie und Wellenoptik. Doch auch solche freien Analogiebildungen konnten nicht alle Phänomene beschreiben. Im Anschluss an den Stern-Gerlach-Versuch etwa bedurfte es der
Einführung einer genuin nicht-klassischen Eigenschaft, um diese
eigenartige Richtungsquantelung zu beschreiben. Man ordnete
nun Atomen bzw. Elektronen neu einen «Spin» zu.

War es zunächst nur die direkte makroskopische Beobacht-
barkeit, die problematisch wurde, so gerieten nun – wie schon
bei der Elektrodynamik – vermehrt auch allgemeine Analogieüberlegungen zu alltäglichen Beobachtungen und Erfahrungen
unter Druck. Der bereits mehrfach erwähnte Verlust der Anschaulichkeit verschärfte sich auf diese Weise weiter.

Statt um eine vermeintliche «anschauliche Plausibilität»
musste es jetzt primär darum gehen, einen mathematischen Formalismus zu finden, der den experimentellen Befunden quantitativ möglichst genau Rechnung trägt und präzise Vorhersagen
erlaubt. Im Jahre 1925 lieferten Werner Heisenberg (1901–
1976) und Erwin Schrödinger (1887–1961) hierzu die beiden
zentralen Entwürfe, die sich etwas später als mathematisch
äquivalent erwiesen. Die Quantenmechanik war entstanden.

Mit diesen Formalismen ergaben sich weitere kontraintuitive
und unanschauliche Besonderheiten, wie etwa die Überlagerung
und Verschränkung von physikalischen Zuständen. Ein quan-
tenmechanisches System ist nicht in der Weise in Teile zerlegbar,
wie man es aus dem Alltag von makroskopischen physikalischen Systemen kennt. Insbesondere können die Eigenschaften
von räumlich weit voneinander getrennten Teilen direkt miteinander korreliert sein. (Das wurde in den vergangenen Jahrzehnten durch viele Experimente eindrucksvoll erhärtet.)

Ein weiterer Aspekt der Quantenmechanik, der auch erkenntnistheoretisch von großer Bedeutung ist, ist die Rolle der Statistik. Die dynamische Grundgleichung der Quantenmechanik, die
Schrödinger-Gleichung, ist – genau wie die Grundgleichungen
der klassischen Physik – deterministisch; d. h., aus einem gegebenen Anfangszustand eines physikalischen Systems lässt sich dessen Zustand zu einem beliebigen anderen Zeitpunkt eindeutig
bestimmen. Anders als in der klassischen Physik allerdings sind
die mithilfe der Quantenmechanik beschriebenen Zustände
nicht identisch mit dem, was man direkt im Experiment misst.
(Auf dieses komplexere Verhältnis zwischen Aussagen aufgrund
dynamischer Grundgleichungen und Aussagen über Messungen
wird in Teil II noch zurückzukommen sein.)

Hier hatte Max Born (1882–1970) die zentrale interpretatorische Idee. Die Größen, die der quantenmechanische Formalismus liefert, müsse man als Wahrscheinlichkeiten deuten. Der numerische Wert, den der Formalismus beispielsweise für ein Teilchen in Abhängigkeit des Ortes liefert, sei als Aufenthaltswahrscheinlichkeit zu interpretieren – also als Wahrscheinlichkeit dafür, dass sich ebendieses Teilchen an ebendiesem Ort aufhalte. Somit muss man sich, will man Aussagen über den Ausgang quantenphysikalischer Messungen machen, statistischer Beschreibungen bedienen. Das kann entweder erfolgen, indem man, wie gerade erwähnt, für Einzelmessungen die Wahrscheinlichkeiten angibt, das Teilchen in diesem oder jenem räumlichen Bereich anzutreffen; oder indem man sehr viele Messungen macht und die Häufigkeiten angibt, mit denen sich die Teilchen in diesem oder jenem Bereich befinden. Statt wie im ersten Fall zu sagen, das Teilchen sei mit 15-prozentiger Wahrscheinlichkeit im Bereich *A*, wäre die Aussage nun also, dass sich 15 Prozent aller Teilchen im Bereich *A* befinden.

Das war historisch eine Neuerung in der Physik, insofern hier Wahrscheinlichkeitsaussagen zum ersten Mal eine *grundlegende* Rolle spielten. Seit dem 19. Jahrhundert bediente man sich zwar, wie bereits angemerkt, statistischer Methoden in der Thermodynamik und der statistischen Mechanik. Doch dort wurde auf Wahrscheinlichkeitsaussagen nur deshalb zurückgegriffen, weil eine vollständige Beschreibung der Phänomene zu komplex gewesen wäre. Anders ist es bei Messungen in der Quantenmechanik. Auch hier gilt zwar, dass sich die statistischen Aussagen benutzen lassen, um das Verhalten einer großen Anzahl von Teilchen zu beschreiben. Aber im Gegensatz zur klassischen Physik hat bereits die Vorhersage des Zustands *eines einzelnen Teilchens* in der Quantenmechanik den Charakter einer Wahrscheinlichkeitsaussage.

Doch kommen wir zurück zur Geschichte der Physik und zur weiteren Theorieentwicklung nach 1925. Ausgangspunkt war nun eine eigentümliche Gemengelage aus Beschreibungen mit teilchen- und feldtheoretischen Aspekten. Denn Schrödingers Ansatz war der einer Wellenmechanik und war angeregt worden vor allem durch Arbeiten von Louis de Broglie (1892–

1987), der jedem Teilchen eine Materiewelle zuordnete. Ganz anders Heisenberg: Er war ausgehend von Atomspektren zu einem algebraischen Matrizenkalkül gelangt.

Auch wenn sich diese beiden Ansätze als äquivalent erwiesen, so wurde doch bald deutlich, dass es praktische mathematische Schwierigkeiten gab, die zu einer Weiterentwicklung der Theorie führen mussten. Physikalisch erstrebenswert war dabei vor allem die konsistente Einbindung der Elektrodynamik. Denn es war zu erwarten, dass sie eine zentrale Rolle im Bereich der Atome spielt, setzen sich diese doch zusammen aus einer negativ geladenen Hülle (bestehend aus Elektronen) und einem positiv geladenen Kern (bestehend aus Protonen und Neutronen).

Diese Einbindung bedeutete einerseits die Formulierung eines Nahwirkungsprinzips (im Sinne der Speziellen Relativitätstheorie), andererseits eine Quantisierung nicht nur der Teilchen, sondern auch der elektromagnetischen Felder. Seit Ende der 1920er Jahre wurden die theoretischen Ansätze in diesem Sinne weiterentwickelt, und kurze Zeit später entstand eine erste nicht mehr quanten*mechanische*, sondern quanten*feldtheoretische* Beschreibung elektromagnetischer Phänomene: die Quantenelektrodynamik.

Das blieb nicht die einzige quantenfeldtheoretische Beschreibung einer physikalischen Wechselwirkung. Vor allem in den 40er und 50er Jahren des vergangenen Jahrhunderts wurde die Situation zusehends komplizierter. Dank neuer Beschleuniger wurden immer mehr bis dahin unbekannte atomare und subatomare Phänomene und Teilchen entdeckt, die oftmals nicht mit den bis dahin bekannten Grundkräften der Gravitation und des Elektromagnetismus beschrieben werden konnten. Stattdessen mussten – um beispielsweise radioaktive Zerfälle bzw. die Stabilität von Atomkernen und auch die Energieproduktion der Sonne (mittels Kernfusionen) mathematisch behandeln zu können – zwei weitere Arten von Kräften angenommen werden: die sogenannte «schwache» und «starke Wechselwirkung».

Seit mittlerweile rund vier Jahrzehnten werden auch diese beiden «neuen» Wechselwirkungen sehr erfolgreich mit quantenfeldtheoretischen Mitteln beschrieben. Die Beschreibung der schwachen Wechselwirkung wurde zudem mit der des Elektromagnetismus vereinheitlicht zur «elektroschwachen Theorie».

Zur Beschreibung der starken Wechselwirkung dient heute die Quantenchromodynamik. Der Wortteil «Chromodynamik», also «Farb-Dynamik», erklärt sich dabei wie folgt: Die wichtigsten Bestandteile der Materie, an denen die starke Wechselwirkung angreift, sind Quarks. Nun sind diese Quarks aber nicht einzeln beobachtbar, sondern bilden nur in bestimmten Kombinationen stabile Komplexe, wie sie dann in Atomen vorkommen oder wie sie beispielsweise am «Large Hadron Collider» (LHC) des CERN bei Genf gemessen werden. Um die Kombinationsregeln für solch stabile Komplexe mathematisch beschreiben zu können, mussten bestimmte Symmetrieeigenschaften angenommen und damit den Quarks formal eine neue Eigenschaft zugeschrieben werden: die «Farbladung» oder kurz «Farbe». Diese darf allerdings nicht mit dem Alltagsbegriff oder dem Begriff aus der Optik verwechselt werden. Quarks sind keine «bunten Kügelchen». Ganz ähnlich haben Quarks auch keine unterschiedlichen Geschmacksrichtungen wie Chips oder Sahneeis, obwohl sie in unterschiedlichen sogenannten «Flavours» vorkommen. – Die vermeintliche Anschaulichkeit solcher Fachbegriffe ist trügerisch. Denn hier geht es in erster Linie um möglichst einfache (oft auf Symmetrieprinzipien basierende) Formalisierungen, mit denen ein quantitativ erfolgreicher Anschluss an das empirische Datenmaterial möglich ist.

Mit der Quantenelektrodynamik bzw. der elektroschwachen Theorie und der Quantenchromodynamik liegt seit Mitte der 1970er Jahre das «Standardmodell der Teilchenphysik» vor. Die Vereinheitlichungsleistung dieses Modells ist sehr beachtlich, und empirisch hat es sich bisher eindrücklich in fast allen Experimenten bewährt.[4]

Bis auf die Gravitation ist im Standardmodell die Beschreibung sämtlicher Wechselwirkungen zusammengeführt. Der vormalige Wust an beobachteten subatomaren Teilchen und Prozessen wurde dabei auf die Annahme verhältnismäßig weniger materieller Grundbestandteile reduziert. Diese sind neben den Quarks die Leptonen, zu denen insbesondere das Elektron zählt. Hinzu kommen noch jene Teilchen, die die jeweiligen Wechselwirkungen tragen: die Eichbosonen. Schließlich, darauf deuten zumindest die neueren Ergebnisse vom LHC hin, gibt es noch ein weiteres, «skalares» Teilchen: das Higgs-Boson.

Eine graphische Illustration dieser alles in allem doch sehr übersichtlichen und streng geordneten Menge an Materiebestandteilen und ihren Wechselwirkungsträgern gibt Abbildung 3. Ergänzend dazu noch ein begrifflicher Hinweis: Tatsächlich hat der Wortteil «Eich-» in «Eichbosonen» etwas mit der erwähnten lokalen Eichung zu tun, die Weyl in seine Vereinheitlichte Feldtheorie eingeführt hatte. Allerdings ist der Kontext der quantenfeldtheoretischen Eichung ein anderer.[5] Doch genau das ist das Bemerkenswerte: Hier hat sich ein Ansatz, der sich in seinem ursprünglichen Kontext empirisch nicht bewährt hat, durch Analogieüberlegungen erfolgreich in einen anderen Bereich der Physik übertragen lassen.

Auch wenn bei den Grundbestandteilen der Materie, die das Standardmodell annimmt, oft von «Teilchen» – oder gar «Bausteinen» – die Rede ist, so darf eine solche Redeweise nicht eng oder gar wörtlich genommen werden. Wie bereits betont, sind insbesondere Quarks keine Objekte, die als einzelne und direkt beobachtet werden können. Auch wenn beispielsweise der Kern eines Wasserstoffatoms (also ein Proton) aus Quarks besteht, so heißt das nicht, dass man ihn in einzelne Quarks zerlegen kann. Überhaupt ist die Frage, was in der Physik eigentlich als «Teilchen» gilt, sehr schwierig und kaum allgemein zu beantworten. Vielmehr sind je nach Kontext unterschiedliche theoretische Kriterien relevant, die dann oftmals auch zu unterschiedlichen Antworten führen.[6]

Leptonen	e (Elektron)	μ (Myon)	τ (Tauon)
	ν_e (Elektron-Neutrino)	ν_μ (Myon-Neutrino)	ν_τ (Tau-Neutrino)
Quarks	u (Up-Quark)	s (Strange-Quark)	b (Bottom-Quark)
	d (Down-Quark)	c (Charm-Quark)	t (Top-Quark)

Eichbosonen	elektromagnetische Wechselwirkung: γ (Photon)
	schwache Wechselwirkung: *Z, W* (Z-Boson, W-Boson)
	starke Wechselwirkung: *g* (Gluon)

skalare Teilchen	*H* (Higgs-Boson)

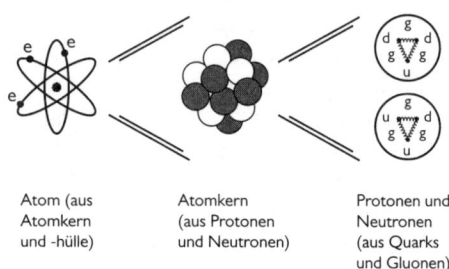

Atom (aus	Atomkern	Protonen und
Atomkern	(aus Protonen	Neutronen
und -hülle)	und Neutronen)	(aus Quarks
		und Gluonen)

Abbildung 3: Zum Standardmodell der Teilchenphysik. Aufgelistet sind die Grund-bestandteile der Materie (Leptonen und Quarks), die Trägerteilchen (Eichbosonen) der drei zum Standardmodell gehörigen Wechselwirkungen sowie das Higgs-Boson. Zur Illustration einiger dieser Bestandteile ist darunter der Aufbau eines Atoms schematisch wiedergegeben.

Ideengeschichtlich steht das Standardmodell in der Nach-folge elementaristischer Ansätze, wie sie bereits in der Antike von Empedokles und Demokrit vertreten wurden. Die gesamte materielle Wirklichkeit wird hier auf Kombinationen einiger weniger Grundbestandteile zurückgeführt. Das betrifft nicht nur die vier Elemente bei Empedokles im Vergleich zu den Quarks und Leptonen heute. Sondern es betrifft bis zu einem gewissen Grad auch Empedokles' «Liebe» und «Hass» im Ver-gleich zu den Eichbosonen. Denn beide Male werden die Grund-typen von Interaktionen beschrieben, die zwischen den betref-fenden Grundbestandteilen wirken können – wobei im Stan-dardmodell die Eichbosonen ihrerseits wieder den Charakter materieller Grundbestandteile haben.

Neue Herausforderungen und aktuelle Vereinheitlichungsversuche

Mit dem Standardmodell haben also drei der vier bekannten Wechselwirkungen eine erfolgreiche quantenphysikalische Beschreibung erhalten. Die einzige Wechselwirkung, für die dies nicht der Fall ist, ist die Gravitation. Hier ist nach wie vor die Allgemeine Relativitätstheorie – und damit eine *klassische* Feldtheorie – der bestbewährte Ansatz. Grund dafür ist zum einen, dass die Aufstellung einer Quantentheorie der Gravitation formal sehr schwierig ist, und zum anderen, dass es kaum experimentelle Befunde gibt, die hier von direkter Relevanz sind. Denn gravitative Effekte, bei denen die Quantenstruktur relevant wird, treten erst in einem extrem hohen Energiebereich auf, der jenseits dessen liegt, was heute in Experimenten an Großbeschleunigern wie dem LHC erreicht werden kann.

Nichtsdestotrotz arbeiten Physiker heute an einer Theorie der Quantengravitation; entweder, indem sie explizit einen einheitlichen Theorierahmen für die gesamte Physik suchen, oder, in abgeschwächter Form, indem sie zumindest bestimmte Ansätze und Methoden von einem Bereich der Physik in einen anderen übertragen. Wie eigentlich zu allen Zeiten in der Geschichte der Physik geht es also darum, möglichst einheitliche Beschreibungen zu finden, in die sich die bis dato bekannten Phänomene und Wechselwirkungen einordnen lassen.

Ich möchte an dieser Stelle keinesfalls für einen bestimmten Ansatz Partei ergreifen – zumal sich eben (noch) keiner in besonderer Weise empirisch bewährt hat. Deshalb sollen hier nur drei Ansätze kurz benannt und an ihnen exemplarisch aufgezeigt werden, wie jeweils von bestimmten Grundüberzeugungen und Erklärungsstrategien ausgegangen wird, die teilweise schon seit der Antike immer wieder herangezogen wurden.

Den vermutlich prominentesten Versuch, die Physik zu vereinheitlichen, stellt die Stringtheorie dar. Sie wurde bereits kurz im Zusammenhang mit der Kaluza-Klein-Theorie erwähnt. Ähnlich wie dort über eine zusätzliche, fünfte Raumdimension die Elektrodynamik in die Theorie eingebunden werden sollte, können die zusätzlichen Raumdimensionen, die in der Stringtheorie zwangsläufig auftreten, dazu benutzt werden, die elektro-schwache und -starke Wechselwirkung zu beschreiben. Aller-dings ist die Stringtheorie keine Feldtheorie im oben genannten Sinne, da sie die Existenz ausgedehnter Objekte annimmt.[7] Sie beginnt als ein ganz allgemeiner Ansatz einer Physik eindimen-sionaler, schwingender Saiten – daher der Name «String». In ge-wisser Weise ähnelt dies dem Ansatz von Platon, der sozusagen eine allgemeine Physik rechtwinkliger Dreiecke anstrebte. Aller-dings sind im Falle der Stringtheorie die ausgedehnten Grund-objekte nicht etwa die unmittelbaren Bestandteile der Materie. Vielmehr sind es die Grundschwingungen dieser Saiten, die in-nerhalb der mathematischen Beschreibung der Stringtheorie mit den bekannten Materiebestandteilen und Wechselwirkungsträ-gern in Verbindung gebracht werden. Einen direkten experi-mentellen Zugang hierzu gibt es allerdings momentan nicht.

Im Unterschied zur Stringtheorie gibt es auch rein feldtheore-tische Ansätze, die auf eine Zusammenführung der etablierten Quantenfeldtheorien mit der Allgemeinen Relativitätstheorie setzen. Hier ist insbesondere die Theorie der «Supergravita-tion» (kurz SUGRA) zu nennen. Der Name ergibt sich, weil hier eine besondere, übergeordnete «Super»-Symmetrie angenom-men wird. Die entscheidende Erklärungsstrategie – die übrigens auch schon beim frühen Kepler und an anderen Stellen auftrat – ist also der Bezug auf Symmetrien. Sollte eine solche Supersym-metrie in der Tat existieren, so müssten allerdings sämtliche Quarks, Leptonen und Eichbosonen des Standardmodells jeweils ein «Partnerteilchen» besitzen. Doch für deren Existenz gibt es bisher keine empirische Evidenz.

Weiterhin gibt es Ansätze, die die gesamte Physik auf Geome-trie zu reduzieren versuchen – eine Strategie, die ebenfalls seit der Antike immer wieder auftrat. Seit den Zeiten von Platon und Descartes, aber auch von Weyl, hat sich die mathematische For-malisierung solcher Ansätze deutlich weiterentwickelt und ver-allgemeinert. So geht es heute bei Ansätzen zu einer Quan-ten-Geometrodynamik zumeist nicht mehr darum, sämtliche physikalischen Dynamiken direkt in die Geometrie der Raum-zeit aufzulösen. Stattdessen werden die nicht-gravitativen Wechselwirkungen mittels Dynamiken in anderen mathematischen Räumen beschrieben – so etwa die starke Wechselwirkung als eine Geometrodynamik im «Farbraum» der Quarks.

Die Begeisterung, die solche Vereinheitlichungsversuche vor allem in den 80er und 90er Jahren des vergangenen Jahrhunderts erfahren haben, ist mittlerweile etwas abgeflaut. Ihnen wird zunehmend vorgeworfen, reine mathematische Spekulationen zu sein, fernab von aller Möglichkeit, spezifische Konsequenzen und Vorhersagen in absehbarer Zeit (wenn überhaupt) empirisch nachprüfen zu können – ganz zu schweigen von Möglichkeiten direkter Anwendung und Nutzung in technischen Alltagsgeräten.

Positionen, die gerade in den letzten Jahren zunehmend Verbreitung gefunden haben, verzichten eher auf Zusammenführungs- und Vereinheitlichungsambitionen und betonen stattdessen einen echten Pluralismus von Theorien und Modellen. Eine allgemeine Theorie oder Weltformel gebe es nicht, die Einheitlichkeit der Physik bestehe bestenfalls in Analogien oder Ähnlichkeiten, die in jeweils unterschiedlicher Form zwischen einzelnen Theorien oder Modellen zu finden seien.

Insgesamt deutet sich somit an, wie wichtig beides für die Physik ist: sowohl der Versuch zu vereinheitlichen, als auch die Förderung einer Vielfalt von Ansätzen und Methoden. Die Physik war immer dann besonders fruchtbar, wenn sie einerseits offen war für einen Pluralismus von Ansätzen und Methoden, sich andererseits aber auch um die Vereinheitlichung des ihr Bekannten bemüht hat. Auch wenn solche Versuche, wie etwa um 1920 bei den Vereinheitlichten Feldtheorien, gescheitert sind, so haben sie doch der Physik wichtige Methoden und Konzepte erschlossen, wie beispielsweise das Prinzip einer lokalen Eichung und die Einführung zusätzlicher Dimensionen. Das heißt nicht, dass es nicht immer auch einzelner Theorien und Modelle bedarf, die jeweils nur einen kleinen Phänomenbereich abdecken. Aber sich von vornherein auf eine engmaschige und auffächernde Modellbildung zu beschränken, kann ebenfalls hinderlich sein für den Fortgang der Physik.

Teil II:
Erkenntnistheoretische Motive und ihr Wandel

Nachdem in Teil I einige wichtige Stationen aus der Geschichte der Physik behandelt wurden, kann nun anhand dieses Materials eine genauere philosophische Einordnung und Reflexion einiger wichtiger Begriffe und erkenntnistheoretischer Motive und ihrer Entwicklung erfolgen.

Dieser zweite Teil gliedert sich in vier Kapitel. Im ersten Kapitel wird die Bildung physikalischer Konzepte und Theorien genauer betrachtet. Dabei wird es nochmals (und nun systematischer) um den «Verlust der Anschaulichkeit» gehen und um die zunehmende Bedeutung mathematischer Darstellungsformen in der Physik. Damit einher gehen Fragen nach Auswahlkriterien zwischen konkurrierenden Theorien sowie dem Verhältnis zwischen Theorien allgemein; also insbesondere Fragen der Vereinheitlichung und der Einbettung – oder gar der völligen Rückführung oder Reduktion – einer Theorie in bzw. auf eine andere.

Eine notwendige Voraussetzung, um überhaupt physikalische Theorien aufstellen zu können, ist die Annahme regelmäßiger Zusammenhänge zwischen Naturphänomenen. Dass es solche Zusammenhänge gibt, wird bis heute zumeist durch einen Begriff von Kausalität motiviert. Dieses oder jenes Phänomen folgt, *weil* zuvor dieses oder jenes geschehen ist. Wie das zweite Kapitel allerdings zeigen wird, unterlag die Annahme kausaler Zusammenhänge einer starken historischen Verschiebung. Auch diese Verschiebung ist eng verbunden mit der Mathematisierung der Physik, und sie hat ein formales Verständnis von Kausalität befördert.

Das dritte Kapitel behandelt die allgemeinen Strategien, die in der Physik zur Beschreibung und Erklärung der Materie und ihrer Wechselwirkungen herangezogen werden. Seit der Antike sind es im Wesentlichen drei Strategien, die immer wieder und bis heute verfolgt werden und die sich – einem Vorschlag des Philosophen Michael Hampe folgend – mit den Schlagworten *mereologisch*, *explanatorisch* und *holistisch* bezeichnen lassen. Allerdings werden die einzelnen Strategien zumeist nicht exklusiv angewandt, sondern es ergeben sich zum Teil Übergänge und Mischformen. Als besonders wichtige Hybridform werden sich dabei solche Beschreibungen herausstellen, die auf Symmetrien bzw. Symmetrieprinzipien zurückgreifen.

Während in den ersten drei Kapiteln also erkenntnistheoretische Motive im Vordergrund stehen, die die Theoriebildung quasi «intern» betreffen (Wie sind Theorien darzustellen? Was gilt als gute theoretische Erklärung?), geht es im vierten Kapitel um solche Motive, bei denen der Anschluss nach «außen» an die Empirie explizit im Vordergrund steht. Es sind das zum einen die Ansprüche, die an die Vorhersagekraft einer Theorie gestellt werden, zum anderen betrifft es die Rolle von Experimenten für die Bildung und Bewährung von Theorien. Die Einstellung zu beidem – auch das kann mit Rückgriff auf das historische Material aus Teil I leicht gezeigt werden – ist keineswegs eine Konstante in der Geschichte der Physik, sondern unterlag starken Verschiebungen.

1. Begriffs- und Theoriebildung

Begriffe: vom Ausdruck zur symbolischen Konstruktion

Bevor es um die Aufstellung ganzer Theorien gehen kann, ist zunächst eine elementarere Ebene zu behandeln: die der Bildung einzelner Begriffe oder Konzepte.

Die Entwicklung, die hier innerhalb der Physik von der Antike zur Gegenwart stattgefunden hat, lässt sich in prägnanter Weise entlang einer Unterscheidung fassen, die auf den neukantianischen Philosophen Ernst Cassirer (1874–1945) zurückgeht – auch wenn Cassirer selbst diese Unterscheidung nur zum Teil auf die Physik und auch nur auf einen kleinen Teil ihrer Geschichte angewandt hat.

Cassirer unterscheidet drei Arten, in denen sich Zeichen (und insbesondere also Worte und Begriffe) auf Dinge beziehen können. Sie können diese Dinge (i) ausdrücken, (ii) darstellen oder (iii) rein bedeuten. Er behauptet weiterhin, dass es eine historische Entwicklung gab, bei der ausgehend von einer primären Verwendung von Zeichen als Ausdrücken zunehmend Zeichen als Darstellungen und schließlich in Form reiner Bedeutungen verwendet wurden.

Der erste Fall – also eine Ausdrucksfunktion von Zeichen – liegt vor, wenn es einen direkten Bezug zu etwas sinnlich Erfahrbarem gibt. Man denke an Thales, für den alles, also beispielsweise auch der Baum vor ihm und der Stein neben ihm, eine – erstarrte – Erscheinungsform von Wasser ist. Es geht um all das, was ihn direkt umgibt und sinnlich wahrgenommen werden kann; und darum, dass dies alles als eine Form des «Wässrigen» angesprochen und bezeichnet werden kann. (Leider muss diese Thales-Interpretation aus Platzgründen etwas vage bleiben, da ansonsten eine längere Diskussion erforderlich wäre zur Entwicklung der Schriftkultur und Wortverwendung im archaischen Griechenland sowie zur zeitgleich zwar abnehmenden, aber immer noch vorhandenen Rolle des Mythos.)

Eine solch unmittelbare Bezugnahme und direkte Benennung findet sich in abgewandelter Form auch bei Aristoteles, der die Materie und ihr Verhalten vornehmlich im Anschluss an prominente sinnliche Erfahrungen beschreibt. Die Elemente Feuer, Wasser, Erde, Luft charakterisierte er, wie schon erwähnt, über die Eigenschaften warm, kalt, feucht und trocken, was eine unmittelbare Verbindung von physikalischen Grundbegriffen und sinnlicher Erfahrung bedeutete. Es ging um einen direkten Ausdruck dessen, was man wahrnimmt und erlebt. Die Welt bestand in gewisser Weise wesentlich aus einzelnen sekundären Qualitäten.

Der zweite Fall – also eine Darstellungsfunktion von Zeichen – liegt vor, wenn sich die Zeichen stärker vom Bezeichneten lösen und nicht mehr das Bemühen im Vordergrund steht, am Einzelfall direkt wahrnehmbare Eigenschaften zu benennen. Stattdessen geht es um allgemeinere Klassifizierungen, die einer (quantitativ präzisen) Abstufung fähig sind. Es sind hier oft neue und zum Teil abstrakte Begriffe einzuführen, um mit ihrer Hilfe die Beschreibung physikalischer Phänomene zu erleichtern und zu vereinheitlichen.

Der Demokritsche Atomismus und vielleicht sogar schon der Luftbegriff von Anaximenes können hier als wichtige Vorläufer gelten. Denn bei ihnen steht der Bezug zu dem, was direkt sinnlich erfahrbar ist, nicht so sehr im Vordergrund; im Fall der Atome gibt es gar keinen solchen direkten Zusammenhang zur sinnlichen Wahrnehmung. Demokrit und auch Anaximenes gehen vielmehr von etwas Qualitätslosem bzw. Qualitätsarmen aus, bei dem die Möglichkeit der kontinuierlichen Abstufung der äußeren Form (Atome) bzw. des Verdichtungsgrads (feuchte Luft) zentral ist.

Maßgebend für die Physik wird die Darstellungsfunktion von Zeichen in der Frühen Neuzeit. Ein einfaches Beispiel, nämlich der Begriff der Masse, mag das veranschaulichen: Jedes Mal, wenn man einen Gegenstand hochhebt, spürt man dessen Masse. In diesem Sinne steht der alltägliche Massebegriff in direktem Kontakt zu einzelnen sinnlichen Erfahrungen. Allerdings geht es beim physikalischen Massebegriff, so wie er sich seit der Frühen Neuzeit entwickelt hat, nicht primär darum, eine Eigenschaft von Gegenständen direkt auf die sinnliche Erfahrung zu beziehen. Die Pointe des modernen Massebegriffs ist vielmehr die Möglichkeit seiner kontinuierlichen Abstufung, die in mathematisch formalisierter Form behandelt werden kann. Es geht unter anderem darum, qualitative Verhältnisse zwischen Sinneseindrücken zu ersetzen durch quantitative Verhältnisse zwischen primären Qualitäten oder zumindest zwischen solchen Eigenschaften, die einem externen Messverfahren zugänglich sind. So können Massen mithilfe von Waagen bestimmt werden, und mit den gewonnenen numerischen Werten lassen sich Bewegungsabläufe berechnen.

Um es weiter zu verdeutlichen, noch ein einfaches, formaleres Beispiel: Man betrachte den Stoß zwischen zwei Körpern der Massen m_1 und m_2, die mit den Ausgangsgeschwindigkeiten v_1 und v_2 aufeinanderprallen. Aufgrund des Impulserhaltungssatzes gilt, dass die Summe der Produkte aus Masse und Geschwindigkeit der beiden Körper vor und nach dem Stoß identisch ist. Unter der Annahme, die Masse der Körper werde durch den Stoß nicht verändert, ergibt sich folgender Zusammenhang ($v_1{}^*$ und $v_2{}^*$ bezeichnen die Geschwindigkeiten der beiden Körper nach dem Stoß): $m_1 \cdot v_1 + m_2 \cdot v_2 = m_1 \cdot v_1{}^* + m_2 \cdot v_2{}^*$.

Angenommen, es soll nun die Endgeschwindigkeit $v_2{}^*$ des zweiten Körpers berechnet werden. Eine kurze Umformung der Gleichung ergibt: $v_2{}^* = v_2 + m_1/m_2(v_1 - v_1{}^*)$. Man beachte den Ausdruck m_1/m_2: Wichtig für die Endgeschwindigkeit ist also nicht etwa der Absolutwert der Masse eines einzelnen Körpers, wichtig ist allein das Verhältnis der beiden Massen zueinander. Wichtig ist also beispielsweise, ob die Körper gleich schwer sind oder nicht; aber nicht, ob – wenn sie gleich schwer sind – beide 20 Gramm oder 200 Gramm wiegen. In diesem Sinne tritt beim physikalischen Begriff der Masse eine direkte Ausdrucksfunktion von Zeichen in den Hintergrund.

Während die Physik der Frühen Neuzeit zu einem Vorrang der Darstellungs- vor der Ausdrucksfunktion von physikalischen Begriffen geführt hat, ist der weitere Schritt hin zur reinen Bedeutungsfunktion vor allem den Entwicklungen der Physik im 19. und 20. Jahrhundert geschuldet. «Reine Bedeutung» meint hier die weitere Zuspitzung der Mathematisierung von Begriffen – und zwar derart, dass letztlich allein der mathematisch funktionale Zusammenhang, in dem ein physikalischer Begriff auftaucht, dessen Bedeutung bestimmt. Der Bezug zur Erfahrung ist nur noch indirekt möglich bzw. nur noch im Rahmen einer Theorie als einem ganzen Netzwerk von Begriffen.

Ein Paradebeispiel dieser Entwicklung ist das Aufkommen der Feldtheorie. Zum einen ist da der Begriff des Feldes selbst, bei dem den Punkten der Raumzeit physikalische Eigenschaften zugeordnet werden. Somit bezeichnet, wie bereits erwähnt, der Begriff «Feld» gar nichts anderes als eine bestimmte Form einer mathematischen Funktion. Zum anderen erinnere man sich an die Bemühungen etwa von Mie, sich des Materiekonzepts ganz zu entledigen, indem man alle materiellen Eigenschaften in Felder «auflöst». Das kann nun verstanden werden als die konsequente Fortentwicklung der Zeichenfunktion physikalischer Begriffe.

Ganz grob könnte man also sagen: In der Antike wurde die uns umgebende Materie oftmals im Sinne der Ausdrucksfunktion als «Wasser» oder dergleichen angesprochen; mit der Frühen Neuzeit rückten dann darstellende Charakterisierungen der Materie mittels Begriffen wie «Masse» und «Impuls» in den Vordergrund; und mit der neueren Physik geht es zusehends um die rein mathematischen Darstellungsformen – dabei wird in Projekten wie der Vereinheitlichten Feldtheorie sogar explizit versucht, Materie gar nicht mehr als etwas Gegenständliches zu fassen, sondern es allein als Feld, d. h. als mathematische Funktion, zu interpretieren.

Eine weitere Illustration dieser historischen Veränderung bietet der «Farb»-Begriff, wie er in Bezug auf Quarks verwendet wird. Wie schon erwähnt, geht es nicht darum, Quarks als «bunte Kügelchen» zu beschreiben. Der Begriff «Farbe» wird also nicht in einer Ausdrucksfunktion verwendet. Aber er wird auch nicht in der Darstellungsfunktion verwendet. Denn das, was hier in der Teilchenphysik gemessen und bestimmt wird, hat auch nichts direkt mit «Farben» im Sinne der Farbenlehre oder Optik zu tun. Stattdessen beruht die Bedeutung dieses Begriffs allein auf den Kombinationsregeln für stabile Quarkkomplexe: Er hat eine reine Bedeutungsfunktion.

Diese Entwicklung in der Begriffsbildung der modernen Physik wurde sehr prägnant auch von Hermann Weyl beschrieben. Neben seinen mathematischen und physikalischen Schriften hat Weyl eine Reihe wissenschaftstheoretischer Abhandlungen verfasst, die einige Ähnlichkeit mit dem Ansatz von Cassirer aufweisen und die ich hier als Ausgangspunkt für ein paar eigene Überlegungen benutzen möchte.

Auch Weyl betont, wie sich die moderne Physik von Begriffsbildungen im Anschluss an die sinnliche Anschauung zusehends entfernt hat und wie sie nun vornehmlich etwas betreibt, was er «symbolische Konstruktion» nennt. Es würden nicht mehr einzelne Phänomene, so wie man sie beobachtet, direkt beschrieben. Stattdessen würde der Physiker, basierend auf seiner Einbildungskraft, neue Begriffe einführen («konstruieren»), die im Rahmen einer Theorie formalisierbar («symbolisch») seien und im Kontext dieser Theorie einen Anschluss an die Empirie erlauben.

Eine ganze Reihe prominenter Beispiele hierfür wurden bereits in Teil I aufgeführt. So sind insbesondere viele quantenphysikalische Eigenschaften und Konstanten – wie etwa das Plancksche Wirkungsquantum und der Spin – in diesem Sinne symbolische Konstruktionen.

Als weiteres illustratives Beispiel für eine symbolische Konstruktion mag die Annahme von Neutrinos dienen. Die Existenz dieser neuartigen Elementarteilchen wurde 1930 von Pauli postuliert, um die Energie- und Impulserhaltung bei bestimmten radioaktiven Zerfällen «zu retten». Die Geschwindigkeiten und Massen der Teilchen, die bei einem solchen Prozess bis dato gemessen wurden, widersprachen nämlich diesen Erhaltungssätzen. Doch die Erhaltungssätze selbst wollte man nicht aufgeben, hatten sie sich doch empirisch in unterschiedlichsten Kontexten stets bewährt. Und so nahm Pauli die Existenz eines weiteren – bis dahin unbeobachteten – Teilchens an, dessen Masse und Geschwindigkeit sozusagen «maßgeschneidert» sein mussten, um das Problem in den genannten Fällen aufzulösen. Diese zunächst vielleicht kühn anmutende Setzung erwies sich in der Nachfolge als empirisch sehr erfolgreich, und der experimentelle Nachweis der Existenz von Neutrinos gelang 1956.

Weyl selbst beschreibt auch die Einführung der elektrischen Elementarladung als symbolische Konstruktion. Genauer sei es eine «ideale Setzung», denn hier werde etwas idealerweise (voraus)gesetzt, für das es keine direkte empirische Evidenz geben kann. Bei allen Messungen und gezielten Experimenten wurden und werden zwar immer nur ganzzahlige Vielfache einer bestimmten Ladung gefunden, die man deshalb als Elementarladung bezeichnet. Doch das ist kein positiver oder direkter Nachweis dafür, dass es sich hierbei tatsächlich um die kleinste (und fixe) Einheit handelt, mit der sämtliche Ladungen in der Natur notwendigerweise auftreten.

Ein aktuelleres und auch prägnanteres Beispiel für eine «ideale Setzung» ist die Einführung virtueller Teilchen in der Quantenfeldtheorie. Diese Teilchen wurden eingeführt («gesetzt»), um die Konsistenz theoretischer Annahmen und des mathematischen Formalismus zu sichern. Insoweit ähnelt die Situation also der bei der Einführung des Neutrinos durch Pauli. Allerdings handelt es sich bei virtuellen Teilchen um Teilchen, die per Definition nicht beobachtbar sind (daher das Adjektiv «virtuell»). Hier wurde also etwas gesetzt, das nicht nur bis dato nicht beobachtet wurde, wie im Falle des Neutrinos, sondern etwas, das gar nicht beobachtet werden *kann*.

Allerspätestens mit der Quantenphysik hat man sich also sehr weit von der Annahme entfernt, physikalische Eigenschaften und Objekte müssten direkt etwas mit einzelnen sinnlichen Erfahrungen oder Anschauungen zu tun haben. Stattdessen sind vermehrt «ideale Setzungen» vonnöten, die sich über das Zeichensystem oder den Formalismus, in dem sie auftreten, bestimmen und die deshalb immer schon Teil einer Theorie im Sinne eines größeren Netzwerks von mathematisch gefassten Begriffen sind.

Umgekehrt bedeutet dies, dass eine Konfrontation von einzelnen physikalischen Begriffen mit einzelnen Erfahrungen (einzelnen Messergebnissen) kaum mehr möglich ist. Denn insofern die meisten Begriffe symbolische Konstruktionen sind, haben sie nur im Rahmen eines Theorieganzen eine Bedeutung und können nur mit der Theorie als Ganzer zu empirischen Daten in Verbindung gebracht werden. Somit fällt eine strikte Trennung zwischen Begriffs- und Theoriebildung. Begriffe werden, um nochmals Cassirers Terminologie aufzugreifen, in reiner Bedeutung verwendet und nicht, um direkt einzelne Eigenschaften auszudrücken oder darzustellen.

Zum Abschluss dieses Abschnitts sei die hier entwickelte Position noch kurz von anderen wissenschaftstheoretischen Positionen abgegrenzt, die im Kontext der Physik des 19. und 20. Jahrhunderts lange Zeit prominent gewesen sind.

Da ist zum einen der Empirismus, wie er vor allem von britischen Physikern wie Maxwell und Kelvin bei der Aufstellung des Elektromagnetismus vertreten wurde. Sie forderten zu einer

Modellbildung auf, die immer direkt an die Befunde einzelner Experimente anschließen und von dort aus über mechanische Analogiebildung abstrahieren sollte. Größere Theorieentwürfe, wie sie zu dieser Zeit beispielsweise von Hermann von Helmholtz (1821–1894)und dann später von Hertz versucht wurden, lehnten sie als viel zu spekulativ ab.

Wie oben diskutiert, brachen aber die Erfolge solch mechanischer Analogiebildungen bald ab und erwiesen sich zum Teil sogar als hinderlich für die theoretische Weiterentwicklung der Physik. Damit begann letztlich auch der Niedergang der empiristischen Tradition. Wissenschaftstheoretisch überzeugender waren nun die Bekenntnisse wie eben von Helmholtz und Hertz, wonach es die abstrakten mathematischen Ausdrücke – insbesondere die Systeme der Differentialgleichungen – seien, die den eigentlichen Kern physikalischer Theorien ausmachten. Und es sind genau auch diese Autoren, auf die sich kurze Zeit später Cassirer und Weyl beziehen werden. Dabei erfährt deren wissenschaftstheoretische Position weitere Stärkung durch die Entwicklung der Quantenmechanik, die die Problematik der mechanischen Analogiebildung und des direkten Anschlusses an empirische Befunde noch weiter verschärfen würde.

Eine andere wissenschaftstheoretische Position, die sich eine Zeitlang großer Beliebtheit erfreute, ist der Positivismus. Ihm zufolge ist in der Physik nicht nur auf abstrakte Spekulationen, sondern auch auf inhaltliche Interpretationen und Analogiebildungen zu verzichten. Die Physik habe sich letztlich auf das Feststellen von experimentellen Koinzidenzen zu beschränken – also etwa Aussagen der Form: «Wenn der Spannungsregler in diese oder jene Position gedreht wird, deckt sich der Zeiger des Messgerätes mit diesem oder jenem Teil der Messskala». Die Modellbildung basiert allein auf dem (uninterpretierten) Zusammenfassen und Extrapolieren von Erfahrungen. Doch nach dem, was oben insbesondere über den theoretischen wie empirischen Erfolg «idealer Setzungen» gesagt wurde, bedarf es wohl keines weiteren Arguments, um diese Sichtweise als unplausibel beiseitezuschieben. Das Aufstellen beispielsweise der Quantenfeldtheorie und der Bau des LHC wären schier undenkbar, hätte sich das Erkenntnisinteresse der Physiker allein auf das Festhalten solcher Koinzidenzen und auf diese Form der Modellbildung beschränkt.

Auswahlkriterien für Theorien: Objektivität statt Wahrheit

Der oben beschriebene Verlust der Anschaulichkeit ging einher mit einem Verlust der Eindeutigkeit. Solange man glaubte, Theorien noch im direkten Anschluss an einzelne Phänomene bilden zu können, waren sie in der Regel auch eindeutig bestimmt. Umso mehr aber die mathematische Formalisierung, die sich auf ein ganzes Heer von Beobachtungen zugleich bezog, in den Vordergrund trat, umso eher gab es nun konkurrierende Theorien oder Ansätze, zwischen denen irgendwie mittels sinnvoller Kriterien entschieden werden musste.

Früh erkannt wurde diese Problematik vom bereits mehrfach erwähnten Heinrich Hertz. In einer Arbeit von 1892 diskutiert er sie zunächst im Kontext der Elektrodynamik, indem er drei ihrer «Darstellungen», wie er es nennt, miteinander vergleicht. Es sind dies die Beschreibungen und Interpretationen elektromagnetischer Phänomene, wie sie von (i) Maxwell, (ii) Helmholtz und (iii) Hertz selbst vertreten wurden. Diese Darstellungen unterscheiden sich stark, wenn es um die Interpretation von einzelnen Begriffen wie etwa «Polarisation» geht und auch um das allgemeinere Verständnis der Natur von Nah- und Fernwirkung. Worin sich allerdings alle drei Darstellungen treffen, das sind die Maxwell-Gleichungen – auch wenn diese (bzw. ihre Konsequenzen) verschieden interpretiert werden. Und so kommt Hertz zu der Annahme, die Theorie der Elektrodynamik sei identisch mit diesen Gleichungen selbst. Dieser sozusagen gefestigte und invariante Kern der verschiedenen Darstellungen markiere das objektiv Gültige, während die variablen Bestandteile der jeweiligen Interpretationen zwar der individuellen Veranschaulichung dienen mögen, aber mitnichten etwas Objektives sind.

Mehr noch: Versuche, sich Phänomene wie etwa elektromagnetische Wellen zu veranschaulichen, indem man sie entlang mechanischer Modelle interpretiert, sollten sich ja sogar als irreführend erweisen. Genau deshalb sind Vergleiche verschiedener Darstellungen auch so wichtig. Sie erlauben es, nicht-objektive Theoriebestandteile leichter aufzuspüren und abzutrennen.

In diesem Zusammenhang ist auch die Überschrift dieses Abschnitts «Objektivität statt Wahrheit» zu verstehen. Es geht bei der Aufstellung einer Theorie nicht darum, die physikalischen Gegenstände so, wie sie «wirklich» oder «wahrhaftig» sind, anschaulich und eins zu eins abzubilden. Es geht vielmehr darum, dasjenige ausfindig zu machen, was über verschiedene Darstellungen dieser Gegenstände hinweg unverändert bleibt, also diejenigen Verhältnisse, die sozusagen aus jeder Perspektive gültig erscheinen und in eben diesem Sinne «objektiv» sind. Oder, um es etwas pointierter auszudrücken: Theorien sind die Transformationsinvarianten verschiedener Darstellungen der Zustände und Dynamiken eines physikalischen Phänomenbereichs.

In seinem Buch *Prinzipien der Mechanik* widmet sich Hertz 1894 nochmals der Problematik von Theorieauswahl und Objektivität, nun allerdings in etwas systematischerer Weise und im Kontext der klassischen Mechanik statt der Elektrodynamik. Erneut vergleicht er drei Darstellungen – er nennt dies nun «Bilder» – miteinander: erstens die Newtonsche Mechanik mit ihren Grundbegriffen von Raum, Zeit, Masse und Kraft; zweitens die damals prominente Energetik, die aufgrund des erst unlängst etablierten Energiebegriffs ebendiesen anstelle des Kraftbegriffs als Grundbegriff der Physik verstanden wissen wollte; und drittens eine von Hertz selbst entworfene Mechanik, die mit nur drei Grundbegriffen – nämlich Raum, Zeit und Masse – auskommen sollte.

Wie schon im analogen Fall der Elektrodynamik werden auch hier sämtliche Darstellungen («Bilder») den empirischen Gegebenheiten gerecht. In allen drei Fällen lassen sich insbesondere die drei Newtonschen Gesetze einführen bzw. herleiten. Alle zusätzlichen interpretatorischen Leistungen der drei Darstellungen sind demgegenüber letztlich irrelevant. Es ist nicht entscheidend, was genau man mit dem Begriff «Energie» assoziiert oder für wie fundamental man ihn hält. Wichtig ist seine Stellung im mathematischen Formalismus, wenn beispielsweise das Verhalten zweier Körper beim Stoß beschrieben werden soll. Die im Formalismus berechneten Anfangs- und Endzustände der Körper müssen im gleichen Verhältnis zueinander stehen wie die Anfangs- und Endzustände, die tatsächlich beobachtet werden. Alles, was darüber hinausgeht, ist nicht-objektives Beiwerk.

In den *Prinzipien der Mechanik* diskutiert Hertz allgemeine Kriterien dafür, worauf bei der Bildung einer Theorie zu achten ist bzw. unter welchen Bedingungen welche Darstellungen oder Bilder für die Beschreibung konkreter Phänomene zu bevorzugen sind. Folgt man dieser Arbeit sowie den daran anknüpfenden Arbeiten von Weyl, so kann man drei zentrale Kriterien unterscheiden.

Das erste Kriterium ist eine wichtige, wenn nicht gar notwendige Voraussetzung für jeden Ansatz, der beansprucht, eine plausible Theorie zu sein, und kann mit Weyl als *Einstimmigkeit in der Vorhersage* bezeichnet werden. Dieser Forderung zufolge muss die Berechnung physikalischer Größen – insbesondere solcher, die auch experimentell bestimmt werden können – innerhalb einer Theorie immer zum gleichen Ergebnis führen. Es darf nicht vorkommen, dass beispielsweise bei der Beschreibung eines Stoßprozesses je nach Rechenweg als Endgeschwindigkeit der ersten Kugel einmal 5 km/h und einmal 2 km/h resultiert. Somit impliziert dieses Kriterium insbesondere die Forderung der mathematischen Widerspruchslosigkeit einer Theorie.

Das zweite Kriterium der Theoriewahl ist die *Einfachheit des Formalismus*. Im Gegensatz zum ersten Kriterium wird es vor allem beim direkten Vergleich von Theorien angewendet. Es besagt, dass eine Theorie möglichst keine überflüssigen Bestandteile enthalten sollte. In diesem Sinne bevorzugt Hertz, was die Mechanik betrifft, sein eigenes Bild, da es mit weniger Grundbegriffen als die Newtonsche Mechanik und die Energetik auskommt. Seine Darstellung ist einfacher, da es in ihr gelingt, sämtliche Phänomene der Mechanik mit nur drei statt vier Grundbegriffen zu beschreiben.

Bei genauerer Betrachtung entpuppt sich die Anwendung dieses zweiten Kriteriums allerdings nicht immer als trivial. Denn oft ergeben sich unliebsame Folgen, wenn man zu sehr auf die Einfachheit einer Theorie bedacht ist. So hat etwa die Hertzsche Mechanik, trotz ihrer vermeintlichen Einfachheit, historisch kaum Beachtung gefunden, weil die Verschlankung der Menge der Grundbegriffe nur möglich wurde aufgrund der Annahme, es gebe neben den uns bekannten Massen auch noch andere Formen von (nicht-wägbaren) Massen. Letztere konnten aber per Definition nicht direkt nachgewiesen werden. Trotzdem musste Hertz auf sie zurückgreifen, um einige bekannte Phänomene beschreiben zu können. Und dieser Rückgriff kann als recht hoher Preis erscheinen, wenn man ihn damit vergleicht, wie problemlos sich unter Umständen die gleichen Phänomene innerhalb der Newtonsche Mechanik oder auch der Energetik herleiten lassen.

Das dritte Kriterium mag, wiederum im Anschluss an Weyl, mit *Einheit der Erfahrung* benannt werden und umfasst insbesondere den bereits mehrfach angesprochenen Vereinheitlichungstrend in der Physik. Wann immer möglich, so könnte man es formulieren, sollten ähnliche Phänomene auch in ähnlicher Weise beschrieben werden. Eine zu große Vervielfältigung bei der Modell- und Theoriebildung scheint nicht plausibel, zumal es doch nur *eine* physikalische Umwelt gibt und die Physik alle Körper in herausragender Weise «gleichbehandelt». – Damit ist gemeint, dass beispielsweise jeder Körper, der eine Masse besitzt, auch der Gravitation ausgesetzt ist und dass die Physik hier keine Ausnahmen macht, egal welche anderen Eigenschaften dieser Körper noch haben mag.

Im Sinne dieses dritten Kriteriums sind Situationen unbefriedigend, bei denen, wie in der frühen Elektrodynamik, zwischen diversen Einzelfällen unterschieden werden muss und diese mit jeweils eigenen Modellen zu beschreiben sind. Ansätze, die zwar empirisch adäquat sind, aber nur auf einen sehr engen Phänomenbereich passen, sind zumeist keine überzeugenden Kandidaten für Theorien. Wichtige und erfolgreiche Theorien – wie die Elektrodynamik, die Allgemeine Relativitätstheorie und die Quantenmechanik – zeichnen sich vielmehr durch einen umfassenden Phänomenbereich aus, den sie mithilfe ein und desselben Formalismus beschreiben können.

Doch auch die Anwendung dieses Kriteriums ist nicht unproblematisch. Was es hier abzuwägen gilt, ist vor allem das Verhältnis zwischen empirischer Befundlage und mathematischer Spekulation. Neue symbolische Konstruktionen und die damit verbundenen Vereinheitlichungsversuche sollten in einem ausreichenden Maße empirisch motiviert bzw. nachvollziehbar sein. Und dass man sich genau über dieses ausreichende Maß streiten kann, zeigt beispielsweise die am Ende von Teil I genannte Kritik an neueren Vereinheitlichungsversuchen wie der Stringtheorie.

Gemäß dieser drei Kriterien wären solche Situationen besonders fruchtbar, in denen zunächst eine möglichst große Vielfalt von Zugängen und Ansätzen untersucht und gefördert, aber zugleich auch nach den Invarianten dieser verschiedenen Ansätze gesucht wird. Solche Situationen sind aber nicht immer in einfacher Weise zu haben, wie etwa ein kurzer Blick auf Quantenelektrodynamik und Quantenchromodynamik zeigt. In beiden gibt es seit mehreren Jahrzehnten unterschiedliche Ansätze oder Facetten, die sich keineswegs so einfach und generell miteinander vergleichen lassen, wie es bei Hertz in der Elektrodynamik und Mechanik der Fall war. Diese Facetten decken jeweils unterschiedliche Teilaspekte ihres Phänomenbereiches ab und haben jeweils ihre eigenen Unwägbarkeiten und strittigen Konsequenzen.[8] Eine Auswahl zwischen ihnen entlang der oben genannten Kriterien kann zwar erfolgen, allerdings nicht in allgemeiner Form, sondern nur jeweils in Bezug auf konkrete Fragestellungen.

Theoriezusammenhänge: formale Übergänge und Analogien

Damit stellt sich die Frage, wie denn überhaupt der Zusammenhang zwischen verschiedenen physikalischen Theorien zu verstehen ist. Inwiefern «ersetzt» beispielsweise die moderne Quantenelektrodynamik die klassische Elektrodynamik? Oder inwiefern ist die Allgemeine Relativitätstheorie die «Nachfolgerin» oder die «umfassendere» Theorie im Vergleich zur Newtonschen Gravitationstheorie?

Eine naheliegende Antwort auf diese Fragen lautet: Eine Theorie ist dann «umfassender» und kann als «Nachfolgerin» oder

«Ersatz» einer anderen Theorie gelten, wenn ihre Beschreibungen quantitativ präziser sind oder wenn sie einen größeren Phänomenbereich abdeckt; oder beides. Die Phänomene, die auch zuvor schon erfolgreich beschrieben wurden, werden nun genauer beschrieben, oder es kommen weitere Phänomene hinzu, die nur mithilfe der neuen Theorie erfolgreich beschrieben werden können. So gilt etwa die Quantenelektrodynamik «im Kleinen», also im Bereich atomarer Prozesse, in dem die klassische Feldtheorie keine erfolgreichen Beschreibungen liefert. Umgekehrt, so die allgemeine Annahme, gelte die Quantenfeldtheorie aber auch im Bereich makroskopischer Phänomene, die zuvor bereits erfolgreich durch die klassische Theorie beschrieben wurden. – Dementsprechende Annahmen gibt es auch über die «Nachfolgeverhältnisse» von beispielsweise Quantenmechanik zu klassischer Mechanik und Allgemeiner Relativitätstheorie zu Newtonscher Gravitation.

Eine so verstandene Theorieentwicklung – wie sich gleich zeigen wird, ist sie allerdings nicht unproblematisch – trägt zudem der oben geforderten «Einheit der Erfahrung» in unmittelbarer Weise Rechnung. Denn sie schließt die Annahme ein, immer größer werdende Phänomenbereiche ließen sich in einheitlicher Form beschreiben.

Abbildung 4 gibt eine vereinfachte schematische Darstellung des physikalischen Theoriegebäudes. Geht man von unten nach oben, so umfassen die Theorien einen jeweils größeren Phänomenbereich. Bis zur Ebene von Quantenfeldtheorie und Allgemeiner Relativitätstheorie handelt es sich dabei um theoretisch etablierte und empirisch bewährte Theorien. Die Theorien bzw. Ansätze, die in Abbildung 4 oberhalb der gestrichelten Linie genannt sind, haben demgegenüber gegenwärtig einen spekulativen Status.

Es stellt sich die Frage, welcher Art die Verbindungen oder Übergänge sind, die in der Abbildung durch Linien markiert sind. Sicherlich: Man geht, wie erwähnt, davon aus, die Quantenelektrodynamik gelte sowohl im Bereich des Mikroskopischen wie des Makroskopischen. Doch makroskopische Phänomene werden de facto weiterhin mithilfe der klassischen Elektro-

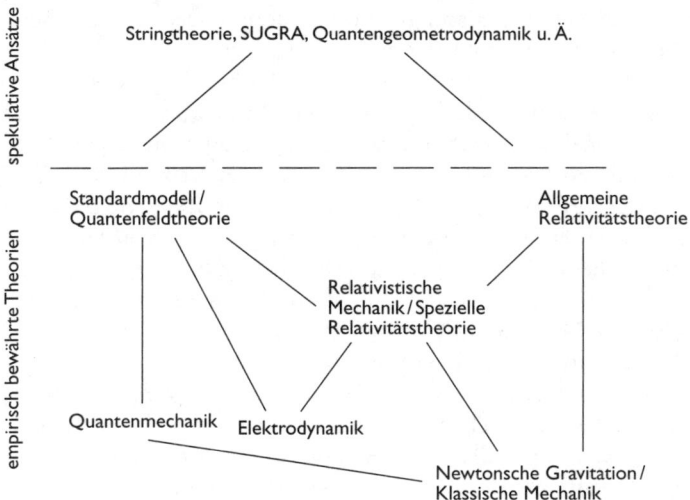

Abbildung 4: Vereinfachtes Schema zum Theoriegebäude der heutigen Physik. Von unten nach oben gehend, umfassen die Theorien immer größere Phänomenbereiche. Die durch Linien gekennzeichneten Übergänge zwischen den Theorien sind nur in einigen Fällen streng formalisierbar. Oft basieren sie auf allgemeineren Analogieüberlegungen.

dynamik beschrieben – und nicht über die Quantenelektro-dynamik. In diesen und ähnlichen Fällen behauptet man dann meist, der Rückgriff auf die klassische Theorie habe rein prakti-sche Gründe und man verwende sie lediglich der Einfachheit halber. Aber wie stellt man sicher oder wie kann man nachprü-fen, ob eine neue Theorie tatsächlich die erfolgreichen Beschrei-bungen ihrer Vorgängerin weiterhin mit einschließt?

Hier könnte die Antwort lauten: Da die genannten physikali-schen Theorien allesamt mathematisch formalisiert sind, muss eben die Vorläufertheorie in der neueren und umfassenderen Theorie irgendwie als Spezialfall oder mathematischer Grenz-fall vorkommen. Man spricht in diesem Zusammenhang von einer «Reduktion» und sagt, die weniger umfassende Theorie werde auf die neue bzw. auf einen Grenzfall derselben «redu-ziert».

Als formal vollständig gefestigt könnte das physikalische Theoriegebäude wohl nur dann gelten, wenn solche Übergänge mittels Grenzfallbetrachtung für alle Verbindungen, wie sie in Abb. 4 skizziert sind, möglich wären. Tatsächlich gibt es strikt reduktionistische Verhältnisse aber nur in einigen Fällen. Unter bestimmten Bedingungen lässt sich beispielsweise aus den Einsteinschen Feldgleichungen der Allgemeinen Relativitätstheorie das Newtonsche Gravitationsgesetz ableiten, die Spezielle Relativitätstheorie als Grenzfall der Allgemeinen herleiten, und auch die kinematischen Relationen der relativistischen Mechanik ergeben im Grenzfall kleiner Geschwindigkeiten die entsprechenden Relationen der Newtonschen Mechanik.[9]

Weit häufiger als solche Übergänge, bei denen formale Relationen der einen Theorie direkt in die einer anderen Theorie übergehen, sind allerdings Analogieüberlegungen. Zwar sind diese ebenfalls formal, insofern sie weiterhin die Ebene mathematischer Ausdrücke betreffen. Allerdings geht es hier nicht um inhaltlich konkrete Grenzfallbetrachtungen, sondern um allgemeine Strukturähnlichkeiten in diesen Ausdrücken.

Der Übergang von der klassischen Mechanik zur Quantenmechanik mag das verdeutlichen: Wie im historischen Teil erwähnt, geht die heute übliche Darstellungsweise der klassischen Mechanik auf Arbeiten aus dem 18. und 19. Jahrhundert zurück. Insbesondere der Formalismus von Hamilton erlaubt eine gut handhabbare und sehr effiziente Darstellung der dynamischen Grundgleichungen der klassischen Mechanik, also der Beschreibung der zeitlichen Veränderungen von Orten und Impulsen von Teilchen.

Nun werden Ort und Impuls eines Teilchens in der Quantenmechanik aber mathematisch ganz anders gefasst als in der klassischen Mechanik. In der klassischen Mechanik handelt es sich um kontinuierliche Größen, die durch reelle Zahlen beschrieben werden. In der Quantenmechanik hingegen sind Ort und Impuls «Operatoren», d. h. keine Zahlen, sondern eine Art «Handlungsvorschriften», die auf andere mathematische Objekte anzuwenden sind. Doch ungeachtet dieses fundamentalen Unterschieds sind die dynamischen Relationen, in denen quantenmechanischer Ort und Impuls zueinander stehen, ganz analog den dynamischen Relationen, die zwischen Ort und Impuls in der klassischen Mechanik gelten.[10] – Innerhalb des Formalismus kann diese Analogie sogar noch auf die Quantenfeldtheorie übertragen werden.[11]

Solche Strukturanalogien auf formaler Ebene lassen sich nicht nur bei den dynamischen Grundgleichungen finden. Auch bei statistischen Betrachtungen beispielsweise gibt es formale Parallelen zwischen klassischer Mechanik und Quantenmechanik. Diese gehen zurück auf die Verwendung eines sogenannten «Dichteoperators», über dessen zeitliche Veränderungen sich in analoger Weise die Dynamik eines Ensembles klassischer Teilchen wie auch die Entwicklung der Zustände eines quantenmechanischen Systems beschreiben lassen.[12]

Mit der Einführung des Dichteoperators als wichtiger Beschreibungsgröße lassen sich sogar Ähnlichkeiten aufzeigen zwischen den Darstellungsmöglichkeiten in klassischer Mechanik und Elektrodynamik. Denn die zeitliche Änderung der Zahl von Teilchen in einem bestimmten Volumen ist von der Struktur ihrer mathematischen Beschreibung hier analog der zeitlichen Änderung einer Ladungsdichte in diesem Volumen.[13] (Da sich diese Ähnlichkeit in der Darstellung allerdings nicht auf eine Erweiterung des Phänomenbereichs bezieht, wurde sie in Abb. 4 nicht durch eine Verbindungslinie markiert.)

Um es nochmals zu betonen: Das sind alles Struktur*analogien*. Eine Teilchendichte ist keine Felddichte, quantenmechanische Operatoren sind keine klassischen reellen Variablen usw. Und die in Abb. 4 eingezeichnete Verbindung von Elektrodynamik zu Spezieller Relativitätstheorie bezieht sich lediglich auf die – allerdings sehr wichtige und direkte – Übertragung der Annahme einer endlichen Lichtgeschwindigkeit.

Die meisten Verbindungen aus Abb. 4 sind also formal gar nicht so gut gesichert, wie man vielleicht annehmen könnte. Es gibt, um nur noch ein weiteres Beispiel zu nennen, auch keinen direkten formalen Übergang vom Standardmodell der Teilchenphysik zur Schrödinger-Gleichung als der Standardgleichung der Quantenmechanik. Man kann die Schrödinger-Gleichung –

und das unterscheidet diesen Fall vom oben beschriebenen Übergang zwischen klassischer und relativistischer Mechanik – nicht direkt als Grenzfall einer quantenfeldtheoretischen Beschreibung herleiten. Wie in allen übrigen Fällen, so ist auch hier sicherlich nicht zu erwarten, dass es (bezogen auf die entsprechenden Anwendungsbereiche) zu einem Widerspruch zwischen den Vorhersagen der Quantenfeldtheorie und denen der Quantenmechanik kommt. Aber: Keinen Widerspruch zu erwarten, ist etwas anderes, als direkt gezeigt zu haben, wie die eine Theorie notwendigerweise aus der anderen folgt.

Übrigens gibt es selbst innerhalb der Quantenfeldtheorie zwischen den verschiedenen «Facetten», wie ich es oben genannt hatte, keine allgemeinen reduktionistischen Übergänge. Sie sind zwar allesamt in bestimmten Hinsichten sehr erfolgreich, unterscheiden sich allerdings formal zum Teil erheblich.[14]

Allerdings – das sollte ebenfalls betont werden – gab es in den vergangenen vier Jahrzehnten auch große Fortschritte darin, die Zusammenhänge zwischen quantenphysikalischer Beschreibung und makroskopischer Erscheinungswelt besser zu verstehen. Das betrifft insbesondere die Frage, warum man im Alltag üblicherweise keine Überlagerung und Verschränkung von verschiedenen physikalischen Zuständen beobachtet, obwohl es solche doch gemäß Quantenmechanik (vermeintlich) zuhauf geben sollte. Mittlerweile gibt es hier Modelle, die sehr erfolgreich beschreiben, wieso es selbst gemäß quantenmechanischer Beschreibung nicht zu erwarten ist, dass beispielsweise der Aufenthaltsort eines makroskopischen Körpers «verschmiert» ist und der Zeiger eines Messgeräts keinen eindeutigen Skalenwert anzeigt.[15]

2. Kausalität und Mathematisierung

Der Blick auf die Geschichte der Physik und ihre Begriffs- und Theoriebildung hat gezeigt, wie wichtig in vielen Belangen die Mathematisierung dieser Disziplin ist. Weniger auf das «Wesen» von direkt beobachtbaren physikalischen Objekten kommt es an als vielmehr auf die Rolle, die die daran anknüpfenden symbolischen Konstruktionen im Rahmen mathematischer Formalismen spielen.

Das hat Auswirkungen auch auf ganz allgemeine physikalische Begriffe, insbesondere den der *Kausalität*. Ursprünglich und wohl auch dem heutigen Alltagsverständnis nach, wird im Kontext von Physik Kausalität aufgefasst als etwas, das mit Impuls- oder Kraftübertragung zu tun hat – wie etwa beim Stoß von zwei Billardkugeln. Doch als allgemeine Charakterisierung von Kausalität ist diese Annahme problematisch und verdeckt einen historischen Wandel.

Wandel des Kausalitätsbegriffs

Tatsächlich bedeutete die Mathematisierung der Physik eine Abschwächung bzw. Abkehr vom alltäglichen Kausalitätsbegriff. Das liegt vor allem daran, dass der Alltagsbegriff von einer klaren und einseitigen Richtung der Verursachung ausgeht, dies aber dem mathematischen Formalismus, mit dem die Physik operiert, gar nicht zu entnehmen ist. Beispielsweise mag es anschaulich (vermeintlich) klar sein, dass es die blaue Kugel war, die die rote angestoßen und damit deren Bewegung «verursacht» hat. Aber die mathematische Beschreibung dieses Prozesses mittels klassischer Mechanik spiegelt das nicht wider. Zwar hat eine Kraftübertragung stattgefunden, aber welche Kugel zuerst in Bewegung war und dann die Bewegung der anderen verursacht hat, hängt in der mathematischen Formalisierung allein von der Wahl des Bezugssystems ab, in dem man den Prozess beschreibt – von wo aus sozusagen auf den physikalischen Prozess geschaut wird und ob man sich selbst beispielsweise mit der blauen Kugel mitbewegt oder nicht.

Der gleiche Sachverhalt zeigt sich allgemein bei formalen Ausdrücken. Beispielsweise ist nach dem zweiten Newtonschen Gesetz Kraft gleich Masse mal Beschleunigung ($F=m·a$ – siehe oben). Mathematisch ist das äquivalent zu der Behauptung, Masse sei Kraft geteilt durch Beschleunigung ($m=F/a$). Wenn man also ein bestimmtes physikalisches System mithilfe dieses Gesetzes beschreibt, so kann man den mathematischen Ausdrücken nicht entnehmen, ob eine Beschleunigung durch eine Kraft erzeugt wird oder ob vielleicht umgekehrt eine Kraft aus einer beschleunigten Bewegung resultiert.

Nun kann man diesen alltäglichen Kausalitätsbegriff aber nicht nur über die Mathematisierung kritisieren. Der britische Philosoph David Hume (1711–1776) hat bereits im 18. Jahrhundert überzeugend dafür argumentiert, dass man ohnehin nie Ursachen und Wirkungen als solche wahrnehmen könne, sondern immer nur unmittelbare zeitliche Abfolgen von Ereignissen. Alles, was man sieht, wenn man auf die beiden eben erwähnten Kugeln schaut, ist, wie die blaue Kugel die ruhende rote Kugel berührt *und dann* die rote Kugel sich in Bewegung setzt, während nun die blaue Kugel ruhig liegen bleibt. Ursachen und Wirkungen in Form von Kräften, die von einem Körper auf einen anderen übergehen, sieht man dabei nicht.

Doch selbst dieser Humesche Kausalitätsbegriff ist für die Physik in gewisser Weise noch zu stark. Denn er behauptet ein zeitliches Nacheinander von Ereignissen, während die gerade genannten Gleichungen der Mechanik allesamt invariant sind gegenüber einer Umkehr der Zeitrichtung. Das heißt, dass etwa die Beschreibung des Stoßes der beiden Billardkugeln mathematisch identisch ist, egal ob der Stoß sozusagen vorwärts oder rückwärts in der Zeit erfolgt – also ob nun die blaue die rote Kugel stößt oder umgekehrt.

Gleiches gilt auch für Nahwirkungstheorien wie die Elektrodynamik. Dass man dennoch für die Ausbreitung von Feldern eine bestimmte zeitliche Ausrichtung hat, ist nicht durch die Theorie selbst verbürgt, sondern der Physiker muss sich quasi selbst und «per Hand» die zeitlich relevante Lösung heraussuchen. Man sucht sich also beispielsweise, wenn man die Elektrodynamik an einem Sendemast beschreibt, diejenigen Lösungen der Maxwell-Gleichungen heraus, die es mit elektromagnetischen Wellen zu tun haben, die vom Mast ausgesendet werden – und nicht mit solchen, die von ihm empfangen werden.

An dieser Stelle lohnt eine kurze Randbemerkung zu einer etwas exotischen Position, die sich in der Physik zwar nicht durchsetzen konnte, aber die diesen engen Zusammenhang von Zeit und Kausalität nochmals sehr schön verdeutlicht. In einer

Arbeit von 1949 stellten John Wheeler und Richard Feynman eine klassisch mechanische Fernwirkungstheorie für die Beschreibung der Elektrodynamik auf. Wie sie zeigen konnten, ist ihre Theorie äquivalent zu einer Feldtheorie des Elektromagnetismus, bei der sich die Lösung der Maxwell-Gleichung anteilsgleich aus der zeitlich vorwärts und der zeitlich rückwärts gerichteten Lösung zusammensetzt. Und genau das betrachteten Wheeler und Feynman als Stärke ihres Ansatzes. Nun müsse man nicht mehr per Hand eingreifen und eine Zeitrichtung auszeichnen, sondern es zeige sich endlich das, was immer schon logisch oder formal in den physikalischen Theorien implizit war, nämlich eine völlige Gleichheit von früher und später. Damit war ihrer Meinung nach auch endlich gezeigt, dass eine Unterscheidung zwischen Ursache und Wirkung in der Physik völlig sinnlos sei.

Doch zurück zu den Hauptströmungen der gegenwärtigen Physik. Auch heute gibt es keine völlig umfassende und allgemein akzeptierte theoretische Beschreibung, wie es zu der zeitlichen Gerichtetheit physikalischer Prozesse kommt. Wichtige Einsichten würde man sich diesbezüglich vor allem von einer allgemein relativistischen Thermodynamik oder auch von einer Theorie der Quantengravitation erhoffen. Beide Bereiche sind allerdings momentan eher durch spekulative als durch gefestigte Ansätze und Erkenntnisse gekennzeichnet.

Es stellt sich also die Frage, was gegenwärtig noch von einem Kausalitätsbegriff übrigbleibt. Darauf kann einerseits innerphysikalisch, andererseits erkenntnistheoretisch geantwortet werden.

Innerphysikalisch bewährt sich einmal mehr eine technische Beschränkung im Sinne einer Rückführung auf einen mathematisch behandelbaren Ausdruck. Und so meint der Begriff «Kausalität», wenn er als innerphysikalischer Fachbegriff insbesondere im Kontext der Relativitätstheorie verwendet wird, nichts weiter als die Möglichkeit eines Informations- oder Kraftaustauschs zwischen zwei physikalischen Systemen; dass also die beiden Systeme raumzeitlich nicht so weit voneinander entfernt sind, als dass das eine keinen Einfluss mehr auf das andere ausüben könnte. Über die Realität und ein genuines Wirken von Kräften besagt dieser Begriff aber nichts. Er liefert keinerlei Interpretation von Ursachen und Wirkungen, die über die einfache Aussage hinausgeht, dass etwas nur dann die Ursache von etwas anderem sein kann, wenn es von diesem (raum)zeitlich entsprechend getrennt ist.

Soweit zur innerphysikalischen Antwort. Aber was kann auf erkenntnistheoretischer Ebene als sinnvoller Kausalitätsbegriff gelten? Die Humesche Interpretationslinie vermag letztlich nicht zu überzeugen. Zum einen, weil die Beschränkung aller physikalischer Beschreibungen auf (zeitliche) Koinzidenzen in die bereits kritisierte Richtung eines Positivismus führt. Zum anderen, weil, wie erwähnt, die zeitliche Gerichtetheit selbst problematisch ist.

Um eine plausible Interpretation des Kausalitätsbegriffs zu erhalten, ist es hilfreich, nochmals auf das Werk von Cassirer und den Begriff der symbolischen Konstruktion zurückzukommen.

Kausalität als Möglichkeit der Mathematisierung

Gemäß Cassirer bezeichnet das Kausalitätsprinzip die allgemeine Forderung, dass es möglich sein muss, physikalische Phänomene über formalisierbare Beziehungen (mathematische Funktionen) zu beschreiben. Es geht also nicht um eine konkrete inhaltliche Deutung von dem, was eine Ursache ausmacht oder wie sie wirkt. Stattdessen handelt es sich um eine methodische Forderung im Sinne einer allgemeinen Rahmenbedingung, die die physikalische Theoriebildung regelt bzw. überhaupt erst ermöglicht.

Damit bildet Cassirers Kausalitätsprinzip den allgemeineren Hintergrund des Theoriewahlkriteriums, das oben unter dem Titel «Einheit der Erfahrung» diskutiert wurde. Es sind Erfahrungsurteile, die in der Physik gefällt werden und die sich zu einem Netz von Erkenntnissen verbinden. Nun muss man deshalb nicht gleich behaupten, all diese Erkenntnisse ließen sich in einer einzelnen vereinheitlichten Theorie zusammenfassen. Was man allerdings annehmen muss als Voraussetzung, um überhaupt Physik im modernen Sinne betreiben zu können, ist die Mathematisierbarkeit. Handelt es sich bei den zu beschreibenden Erfahrungen um solche, die die Physik betreffen, so muss es möglich sein, sie als allgemeine Regularitäten innerhalb eines mathematischen Formalismus zu fassen. Anders formuliert: Die Physik bildet ein System und ist keine Anhäufung unzusammenhängender Einzelaussagen; und diese Einheitlichkeit der physikalischen Erfahrung wird verbürgt durch die Mathematisierbarkeit und damit (nach Cassirer) durch das Kausalitätsprinzip.

Nun könnte man meinen, dies sei ein allzu schwaches Verständnis von Kausalität und man habe sich allzu weit von dem entfernt, was ursprünglich einmal mit Kausalität gemeint war. Doch dem kann man zweierlei entgegenhalten. Erstens, dass sich, wie der vorige Abschnitt gezeigt hat, eine stärkere inhaltliche Deutung in der Tat als notorisch schwierig und unbefriedigend erweist. Zweitens, dass sich beim Kausalitätsbegriff der Physik die gleiche allgemeine Entwicklung zeigt, die schon im vorhergehenden Kapitel diskutiert wurde: die Entwicklung von einer Ausdrucks- über eine Darstellungs- hin zu einer reinen Bedeutungsfunktion. In diesem Sinne hatte «Kausalität» auch in der Physik ursprünglich etwas mit dem sinnlich Wahrnehmbaren zu tun, wie es sich – als (vermeintliche) Ursache – beispielsweise in einem Stoß oder Anschubs ausdrückt. Abgelöst wurde das von einem darstellenden Verständnis im Sinne Humes, wonach Kausalität die konstante Verknüpfung zwischen Ereignissen eines bestimmten Typs bezeichnet. Und schließlich, in seiner reinen Bedeutung, wird die Kausalität zur Möglichkeit der mathematisch-funktionalen Verknüpfung (mittels symbolischer Konstruktionen).

Aber das Kausalitätsprinzip ist nicht das einzige, das erforderlich ist, um physikalisch erklären zu können. Laut Cassirer gibt es insgesamt vier Typen von Aussagen, die dazu notwendig sind: Aussagen über Messungen (Cassirer nennt das «Maßaussagen»), Gesetzesaussagen, Prinzipienaussagen und eben das allgemeine Kausalitätsprinzip. Dabei gibt es einen hierarchischen Zusammenhang: Maßaussagen beziehen sich auf konkrete Experimente oder Beobachtungen und wären nicht möglich ohne Annahmen (Aussagen) über die ihnen zugrunde liegenden physikalischen Gesetze. Diese Gesetzesaussagen wiederum können nicht aufgestellt oder formuliert werden, ohne dass auf höherer Ebene allgemeine Prinzipien im Sinne theoretischer Rahmenvorgaben angenommen würden. Und all das basiert wiederum auf dem Kausalitätsprinzip, das heißt, auf der Annahme, sämtliche Aussagen ließen sich entsprechend mathematisch formulieren.

Betrachtet man beispielsweise die Allgemeine Relativitätstheorie, so hat das schwache Äquivalenzprinzip, das die Gleichheit von träger und schwerer Masse fordert, den Status einer Prinzipienaussage. Erst auf der Grundlage dieses Prinzips lassen sich die Einsteinschen Feldgleichungen formulieren, die dementsprechend als konkrete Gesetzesaussagen gelten können.

Nun kann man mithilfe der Einsteinschen Feldgleichungen bestimmte konkrete Berechnungen anstellen und Vorhersagen machen. Von daher stellt sich die Frage nach dem Sinn von Cassirers Unterscheidung zwischen Gesetzesaussagen und Maßaussagen. Tatsächlich wird diese Unterscheidung erst bzw. nur im Kontext der Quantenphysik empirisch relevant. Ihre allgemeine Motivation ergibt sich aber aus folgender einfacher Überlegung: Wie bereits diskutiert, sind viele physikalische Größen und Objekte symbolische Konstruktionen, deren Existenz sich aufgrund *indirekter* empirischer Befunde und Konsequenzen bewährt. Warum sollte also generell eine direkte Verbindung bestehen zwischen den theoretischen Grundgrößen, die die Beschreibung eines ganzen Phänomenbereichs abdecken, und den Beobachtungsgrößen, wie sie konkret und im Einzelfall gemessen werden? Dies zu fordern, scheint recht naiv, und man sollte im Allgemeinen eher keine solch einfache Eins-zu-eins-Relation erwarten.

Mithilfe dieser Trennung zwischen Gesetzes- und Maßaussagen gelingt Cassirer eine höchst einfache Interpretation der Heisenbergschen Unschärferelation, der zufolge quantenmechanische Systeme Eigenschaften besitzen (wie etwa Ort und Impuls), die nicht zur gleichen Zeit mit beliebiger Genauigkeit bestimmt werden können. Dieser Befund hat für viel Verwirrung und großes interpretatorisches Aufheben gesorgt, was einem Cassirerschen Verständnis nach allerdings völlig unnötig ist. Denn verwirrend ist die Unschärferelation nur, wenn man davon ausgeht, die Eigenschaften der Grundgrößen der Gesetzesannahmen müssten sich eins zu eins in den Maßaussagen widerspiegeln: Wenn, so die implizite Annahme, Ort und Impuls eines Teilchens «gleichzeitig» in den Gesetzesaussagen (also insbesondere in der Schrödinger-Gleichung) vorkommen, dann müssten sie doch auch gleichzeitig beliebig genau messbar sein.

Doch diese Annahme folgt eben nur, wenn man übersieht, dass Gesetzes- und Maßaussagen nicht dasselbe sind und auseinanderfallen können. Und genau das illustriert die Unschärferelation in der Quantenmechanik. Mehr noch: Die Unschärferelation gibt den allgemeinen Zusammenhang an, der zwischen beiden Aussagetypen besteht – und zwar in mathematisch formalisierter Form. Die Unschärferelation folgt also strikt dem allgemeinen Kausalitätsprinzip im Sinne Cassirers, und es kann keine Rede davon sein – auch wenn man das immer mal wieder liest –, in der Quantenmechanik werde die Kausalität verletzt.

Eine ähnliche wissenschaftstheoretische Position wie Cassirer vertritt gegenwärtig Michael Friedman. Er unterscheidet mathematischen Formalismus, physikalische Prinzipien und Naturgesetze voneinander und sieht sie der Reihe nach als Voraussetzungen füreinander. So sei im Fall der klassischen Mechanik die Differentialrechnung der mathematische Formalismus, der überhaupt erst die allgemeine Einführung der mechanischen Grundgrößen und Prinzipien ermögliche; und diese wiederum seien die Voraussetzung dafür, ein konkretes Naturgesetz wie etwa das Gravitationsgesetz aufstellen zu können.[16] Auch bei Friedman spielt also die mathematische Formalisierbarkeit eine wesentliche Rolle für die physikalische Theoriebildung – auch wenn er, anders als Cassirer, die Möglichkeit der Mathematisierung nicht unmittelbar mit dem Kausalitätsbegriff assoziiert.

3. Erklärungsstrategien und ihre Übergänge

Die ersten beiden Kapitel dieses zweiten Teils haben gezeigt, wie einzelne physikalische Begriffe und wie die allgemeine Begriffs- und Theoriebildung in der Physik eine historische Entwicklung erfahren hat, die vor allem durch die Mathematisierung geprägt war. Neben der Mathematisierung gibt es aber auch andere erkenntnistheoretische Motive, die für die Physik leitend waren und sind. So wurde während des skizzenhaften Gangs durch die Geschichte der Physik bereits deutlich, dass bestimmte allgemeine Erklärungsstrategien seit rund zweieinhalbtausend Jahren immer wieder auftreten. Die drei wichtigsten dieser Strategien sollen nun präziser unterschieden und zusammenfassend dargestellt werden.

Anders als bei der Mathematisierung geht es nicht darum, einen einheitlichen historischen Trend aufzuzeigen, sondern vielmehr eine gewisse Konstanz, mit der immer wieder Variationen der gleichen Strategien auftreten. Die verschiedenen Strategien bilden dabei keine einander ausschließenden Alternativen, sondern treten oftmals kombiniert auf, allerdings zumeist mit einer deutlichen Schwerpunkbildung.

Mereologisch: Suche nach den Grundbestandteilen

Da ist zunächst als wohl älteste Erklärungsstrategie, wenn es darum geht, die Zusammensetzung und das Verhalten physikalischer Körper zu beschreiben, die *mereologische* Strategie.

Mit «Mereologie» wird die Lehre bezeichnet, die sich mit dem Verhältnis zwischen Teilen und einem Ganzen beschäftigt. Im gegenwärtigen Kontext sind damit insbesondere die Bestandteile und Verhältnisse im Aufbau physikalischer Körper gemeint. Mereologisch erklärt wird also, indem man Aussagen darüber macht, woraus Materie besteht und inwiefern diese Teile und ihre Zusammensetzung das Verhalten der Materie maßgeblich prägen.

Im historischen Teil ist eine solche Erklärungsstrategie zum ersten Mal bei Thales aufgetreten. Die ihm zugeschriebene Behauptung «Der Ursprung von allem ist Wasser» gibt eine erste vereinheitlichende Beschreibung der Natur, indem sie alles als aus (unterschiedlichen Erscheinungsformen von) Wasser bestehend beschreibt.

Auch nach Thales ist diese Erklärungsstrategie immer wieder verfolgt worden. In der Antike findet man sie etwa bei Demokrit, der sämtliche Materie als aus Atomen bestehend auffasst, und bei Platon, für den die Grundbestandteile aller Materie geometrische Objekte (rechtwinklige Dreiecke) sind.

Die Annahme eines atomaren Aufbaus der Materie und atomarer Stoßprozesse zieht sich durch die Geschichte der Physik über die Frühe Neuzeit bis in die Gegenwart. Sie war unter anderem zentral für die Anfänge und Zusammenführung von statistischer Mechanik und Thermodynamik. Und ihre momentan erfolgreichste Ausprägung findet diese Erklärungsstrategie im Standardmodell der Teilchenphysik. Ihm zufolge lässt sich nicht nur sämtliche Materie, sondern lassen sich auch alle Wechselwirkungen in einige wenige Grundbestandteile zerlegen (siehe Abb. 3 auf Seite 61 f.).

Der Ausdruck «Grundbestandteile» ist zugegeben etwas lose und muss genauer qualifiziert werden. Mit ihm soll nichts direkt ausgesagt sein über die räumliche Ausdehnung der Objekte. Schon für Platons Dreiecke wäre dies problematisch, aber auch für die Materiebestandteile, die das heutige Standardmodell der Teilchenphysik annimmt. – Wenn von immer «fundamentaleren» Bestandteilen der Materie gesprochen wird, so spielen sich die betrachteten Phänomene zwar auf immer kleineren räumlichen Skalen ab. Aber es wäre zu einfach und verfälschend anzunehmen, die entsprechenden Materiebestandteile verhielten sich wie russische Steckpuppen, bei denen nach dem Öffnen einer Puppe immer wieder eine kleinere Puppe zum Vorschein kommt, bis man dann schließlich bei der kleinsten ist.

Zum einen sind die dynamischen Prozesse, die größere Objekte konstituieren, teilweise sehr komplex. Hier ist nicht einfach immer ein räumlich ausgedehnteres Teilchen aus einer bestimmten, festen Anzahl kleinerer Teilchen aufgebaut. Das gilt insbesondere auch für den bereits erwähnten Aufbau eines Protons aus Quarks und Gluonen. Oder man denke wieder an die Stringtheorie, bei der «Teilchen» zunächst nichts genuin Räumliches sind, sondern den Grundschwingungen eben der Strings entsprechen.

Zum anderen ist nicht ausgemacht, ob man bei der Suche nach den elementaren Bestandteilen der Materie tatsächlich an ein Ende kommt wie bei den Steckpuppen. So nimmt beispielsweise Leibniz an, es gebe «kleine Teilchen», aus denen sämtliche makroskopischen Körper aufgebaut seien; wobei sich diese «kleinen Teilchen» aber immer weiter zerlegen ließen, ohne dass man jemals an ein Ende gelange.

Explanatorisch: Suche nach den «Verursachern»

Eine zweite Erklärungsstrategie, der man in der Geschichte der Physik immer wieder begegnet, ist die Suche nach den «Verursachern». Während bei der mereologischen Strategie die Hauptfrage lautete: «Woraus besteht es?», dreht sich hier alles um die Frage: «Wer oder was macht das?»

Auch wenn hier von «Verursachern» die Rede ist, darf diese Strategie allerdings nicht mit dem Kausalitätsbegriff des vorigen Kapitels verwechselt werden. Im Folgenden bezeichne ich die Strategie deshalb als *explanatorisch*. Unter diesen Typus fallen insbesondere solche Ansätze, die in prominenter Weise mittels Kräften erklären. Ein einfaches Beispiel bietet wieder der Stoßprozess beim Billard: Die Frage, was der Grund dafür ist, dass sich nach dem Stoß die zweite und nicht mehr die erste Kugel bewegt, wird hier explanatorisch mittels Kraft- bzw. Impuls- und Energieübertragung beantwortet.

Ein prominenter Vertreter dieses Erklärungstyps ist Leibniz, dessen Physik, wie berichtet, wesentlich auf dem Kraftbegriff beruht. Im Gegensatz zu Descartes war er der Meinung, es genüge gerade nicht, auf die Geometrie – und damit insbesondere auf die Ausdehnung – zu verweisen. Wolle man verstehen, warum ein bestimmter physikalischer Prozess abläuft und warum Materie eine bestimmte Form hat, stabil ist usw., so müsse man verstehen, welche Kräfte am Werke sind.

Bereits in der Antike hatte diese Erklärungsstrategie mit Empedokles einen prominenten Vertreter. Mithilfe von «Liebe» und

«Hass» als Vorläufern der Begriffe einer anziehenden und einer abstoßenden Kraft erklärte er die Zusammensetzung und Stabilität der Materie. Da diese Kräfte zwischen den vier Elementen Feuer, Wasser, Erde und Luft wirken, kombinieren sich bei Empedokles folglich explanatorische und mereologische Erklärungsstrategie. Dieselbe Kombination findet man übrigens heute beim Standardmodell der Teilchenphysik. Hier werden elektromagnetische, schwache und starke Wechselwirkungen mittels Eichbosonen als den «Verursachern» beschrieben, die die entsprechenden Kräfte zwischen den Quarks und Leptonen vermitteln.

Weiterhin könnte man wohl auch Thales und Anaximenes eine Kombination von mereologischer und explanatorischer Erklärungsstrategie unterstellen, insofern sie die Grundbestandteile der Materie und ihre Kräfte noch gar nicht klar trennen und für sie Wasser bzw. Luft in doppelter Weise «Ur-Sachen» sind.

Diese Beispiele dürfen aber nicht darüber hinwegtäuschen, dass eine Kombination mereologischer und explanatorischer Erklärungen keinesfalls zwingend ist. Bei den mereologischen Erklärungen Platons beispielsweise spielt der Begriff eines Verursachers im Sinne einer Kraft keine wesentliche Rolle. Umgekehrt erklärt der späte Kepler in seiner *Astronomia Nova* zwar explanatorisch, aber nicht mereologisch. Er greift dort auf einen Kraftbegriff zurück, um erklären zu können, wer oder was es macht, dass sich die Planeten auf bestimmten Ellipsen – und nicht auf Kreisen – bewegen.

Allgemein ist eine explanatorische Erklärungsstrategie nicht beschränkt auf die Einführung von Kräften und ebenso wenig auf Wirkursachen allgemein. Auch zweckursächliche Beschreibungen, wie sie im ersten Teil insbesondere am Beispiel von Aristoteles diskutiert wurden, verfolgen eine explanatorische Strategie. Denn hier geht es ebenfalls um das Auffinden und Aufzeigen der «Verursacher», auch wenn, salopp gesprochen, ihre Bedeutung und ihr Einfluss «vom Ende her» beschrieben wird. So liegt es gemäß der aristotelischen Auffassung am Streben nach dem natürlichen Ort, dass Steine nach unten fallen und Rauch nach oben steigt.

«Verursacher» können also beides sein: Wirk- wie Zweckursachen. Was die mathematische Formalisierung betrifft, sind sogar die Rückgriffe auf die beiden Ursachentypen äquivalent. Das hatte sich bereits oben mit Leibniz' Bemerkungen zur Herleitung des Brechungsgesetzes angedeutet. Und in der Tat konnten später Euler, Lagrange und Hamilton diesen Zusammenhang verallgemeinern. Das «Prinzip der kleinsten Wirkung» wurde zu einem präzisen und mathematisch handhabbaren Werkzeug, um nicht nur in der Optik, sondern auch in der Mechanik, Elektrodynamik usw. die dynamischen Grundgesetze und Bewegungsgleichungen physikalischer Systeme explanatorisch beschreiben zu können.[17]

Holistisch: Suche nach einer einheitlichen Darstellung

Eine dritte Erklärungsstrategie, die beim Gang durch die Geschichte der Physik immer wieder auftrat, war der Versuch, für sämtliche bekannten physikalischen Phänomene einen einzigen einheitlichen Darstellungszusammenhang zu finden. Die Ausgangsfrage dieser Strategie, die ich als die *holistische* bezeichnen möchte, ist die Frage: «Wie hängt alles zusammen?» Das muss nicht die Annahme beinhalten, dass die gesamte Physik in Form einer einzigen Theorie oder gar Weltformel gefasst werden könne, ist also nicht identisch mit einem reduktionistischen Ansatz. Stattdessen ist etwas deutlich Schwächeres gemeint, nämlich die Annahme, man könne mit einem bestimmten und begrenzten Arsenal an Darstellungsmitteln sämtliche physikalischen Phänomene beschreiben.

Eine spezifische Variante der holistischen Strategie ist in prominenter Weise in der Antike bei Platon und dann in der Frühen Neuzeit beim jungen Kepler sowie bei Descartes aufgetreten: der Versuch, die Geometrie als einen solchen einheitlichen Darstellungszusammenhang für die gesamte Physik zu etablieren.

Bei Platon tritt die holistische Strategie zusammen mit der mereologischen auf, weil seine Grundbestandteile der Materie geometrische Objekte (rechtwinklige Dreiecke) sind. Anders verhält es sich beim frühen Kepler und bei Descartes. Hier geht es nicht um die mereologische Untersuchung von Bestandteilen der Materie. Im *Mysterium Cosmographicum* sollen vielmehr die Platonischen Körper eine direkte Geometrisierung aller Astronomie erlauben; und bei Descartes geht es primär um die allgemeine Forderung, sämtliche physikalischen Gesetzmäßigkeiten in rein geometrische Sätze umzuformulieren.

In diesem Sinne können auch die Ansätze zu einer Vereinheitlichten Feldtheorie zu Beginn des 20. Jahrhunderts als Umsetzungsversuche der programmatischen Vorgaben von Descartes verstanden werden – und ganz ähnlich auch die gegenwärtigen Entwürfe zu einer Quanten-Geometrodynamik. All diese Ansätze verfolgen eine holistische Erklärungsstrategie mit der Geometrie als dem allgemeinen Darstellungszusammenhang. Sämtliche Physik, so die Annahme, ist durch die Geometrie einheitlich verbunden und kann durch sie beschrieben werden.

Eine Geometrisierung der Physik ist aber keinesfalls die einzige Möglichkeit, eine holistische Erklärungsstrategie zu verfolgen. Der Glaube an eine erfolgreiche und einheitliche Mathematisierbarkeit der Physik hat beispielsweise auch die Entwicklung von statistischer Mechanik und Thermodynamik angeleitet. Obwohl hier die Probleme bzw. Systeme von Beginn an viel zu komplex sind, als dass man sie im Detail auf der Ebene einzelner Materiebestandteile beschreiben könnte, war man trotzdem überzeugt, dass die Mathematik weiterhin einen einheitlichen Beschreibungsrahmen für sämtliche physikalischen Phänomene abgeben würde – und zwar eben in Form der Statistik.

In diesem Sinne sind die vorher erwähnten Geometrisierungsversuche also lediglich Spezialfälle einer allgemeinen Suche nach einer einheitlichen Mathematisierung der Physik. Das zeigt sich auch darin, dass im 19. und 20. Jahrhundert eine starke Algebraisierung der Geometrie stattgefunden hat und dass es dementsprechend heute manchmal schwerfällt bzw. sogar obsolet erscheinen mag, entscheiden zu wollen, wann noch in einem üblichen oder anschaulichen Sinne von einer «geometrischen Beschreibung» gesprochen werden kann. (Auf diese Frage wird im nächsten Abschnitt noch zurückzukommen sein.)

Schließlich ist diese Suche nach einem einzigen und umfassenden mathematischen Darstellungszusammenhang auch für die aktuellen Vereinheitlichungsversuche der Stringtheorie charakteristisch. Die Stringtheorie folgt insofern einer holistischen Strategie, als hier eine allgemeine Theorie eindimensionaler physikalischer Objekte dazu dienen soll, die gesamte Physik herzuleiten. Und das allgemeine öffentliche Interesse, das die Stringtheorie seit Längerem auf sich zieht, kann als Indiz dafür gedeutet werden, welche Faszination eine holistische Erklärungsstrategie ausübt. Gerade auf populärer Ebene scheint die Annahme, alles hänge mit allem zusammen und ließe sich am Ende sogar einheitlich in einer einzigen Weltformel beschreiben, große Attraktivität zu besitzen.

Übergänge: Darstellungsweisen und Symmetrieprinzipien

Wie erwähnt, schließen sich die drei genannten Erklärungsstrategien wechselseitig nicht aus, und es treten oft sogar Mischformen auf. Ein einfaches Beispiel hierfür war Platon, dessen *Timaios* sowohl klare holistische wie auch mereologische Züge aufweist. Ähnliches ließe sich beispielsweise auch von der Stringtheorie behaupten. Demgegenüber kombinieren Empedokles und auch das Standardmodell der Teilchenphysik insbesondere die mereologische mit der explanatorischen Strategie. Und betont man etwa bei Leibniz neben seinem Kraftbegriff vor allem seine Leistungen bei der Aufstellung der Differentialrechnung, so wäre für seine Dynamik eine Verbindung aus explanatorischen und holistischen Zügen charakteristisch.

Tatsächlich ist die Existenz solcher Mischformen kein Zufall, sondern hat systematische Gründe. Vor allem die zunehmende Mathematisierung der Physik hat formale Übergänge zwischen den verschiedenen Strategien ermöglicht. Diese Übergänge – darum wird es im Folgenden und auch im Schlusskapitel gehen – haben in vielen Fällen mit Symmetrieprinzipien zu tun. Dementsprechend können Erklärungen, die auf Symmetrieüberlegungen zurückgreifen, als geradezu typisch oder charakteristisch für die Physik betrachtet werden, eben weil sie dadurch Aspekte aller drei vorher genannten Strategien miteinander verbinden.

Ein allgemeiner Übergang zwischen zwei Strategien kündigte

sich bereits am Ende des vorigen Abschnitts bei der Frage an, was überhaupt als echte geometrische Beschreibung gelten solle und was nicht. Man denke etwa an die in Teil I kurz erwähnten Ansätze zu einer genuinen Quanten-Geometrodynamik: Handelt es sich hier noch um eine echte Geometrisierung der Physik, wenn es nicht mehr allein um die vierdimensionale Raumzeit geht, sondern weitere «Räume» eingeführt werden, um bestimmte physikalische Wechselwirkungen beschreiben zu können? Zwar werden dann weiterhin geometrische Begriffe verwendet wie «Krümmung», «Metrik», «Parallelverschiebung» usw. Allerdings mag man sich fragen, inwiefern hier tatsächlich noch Geometrie in einem anschaulich-räumlichen Sinne betrieben wird.

Der Physiker Steven Weinberg zum Beispiel behauptet, bei diesen Redeweisen handle es sich lediglich um eine Art begrifflicher Restbestände. Weil man einmal glaubte, alle Physik in Geometrie fassen zu können, hätten bestimmte Begriffe die Zeit überdauert, obwohl sie mittlerweile ihrem geometrischen Kontext entrückt wurden und man heute bestenfalls noch von Analogien sprechen könne. Diesem Verständnis nach sind also, wenn es um die Beschreibung der starken Wechselwirkung zwischen Quarks geht, Redeweisen von «Parallelverschiebungen» nicht wesentlich verschieden von solchen von «Farben». In beiden Fällen wäre es ein Missverständnis, wollte man diese Begriffe als Eins-zu-eins-Abbildungen oder anschauliche Widerspiegelungen realer Verhältnisse auffassen.

Allgemein sind somit unterschiedliche Einstellungen zu geometrischen Begriffsbildungen möglich: Der eine mag die Beschreibung einer physikalischen Wechselwirkung mittels solcher Begriffe weiterhin als echte Geometrisierung der Physik begreifen. Ein anderer mag mit Weinberg die Überzeugung vertreten, man liefere hier eigentlich eine genuin dynamische Beschreibung einer Wechselwirkung mittels Kräften, auch wenn in dieser Beschreibung ein paar Begriffe vorkommen, die aus historisch zufälligen Gründen an geometrische Beschreibungen erinnern.

Das ähnelt ein wenig der Situation, die schon Hertz beim

Vergleich verschiedener Darstellungen einer Theorie beschrieben hatte. Es hinge dann letztlich an der Interpretation des mathematischen Formalismus, ob man der Meinung ist, eine holistische oder eine explanatorische Erklärungsstrategie zu vertreten. Je nachdem, wie wörtlich man die Terminologie nimmt, ergibt sich die Dynamik entweder als Folge der Geometrie oder als Folge der existierenden Kräfte. – Historisch bemerkenswert ist hieran, wie die moderne Mathematik den schroffen Gegensatz abgemildert hat, der ursprünglich zwischen der holistisch-geometriebasierten Position Descartes' und der explanatorisch-kräftebasierten Sichtweise von Leibniz bestanden hat.

Systematische Übergänge zwischen allen drei genannten Erklärungsstrategien treten besonders deutlich hervor, wenn man, wie bereits angedeutet, auf den Symmetriebegriff schaut. Dieser Begriff ist ebenfalls in Teil I mehrfach aufgetreten, weil immer wieder mithilfe von Symmetrieprinzipien in der Physik erklärt, beschrieben und systematisiert wurde.

Hier besteht eine enge Verbindung zur *holistischen Strategie*, weil die Betrachtung von Symmetrien eng mit der Suche nach Vollständigkeit und Einheitlichkeit verknüpft ist. Ein einfaches historisches Beispiel bilden die Bezugnahmen auf die Platonischen Körper, wie sie etwa bei Platon und auch beim frühen Kepler vorkamen. Ausgangspunkt war dabei die Annahme, die Natur müsse auf ideale Weise symmetrisch aufgebaut sein. Nun waren die «symmetrischsten» Körper, die man in der Geometrie kannte, die aus lauter gleichen Flächen aufgebauten Polyeder – also eben die Platonischen Körper (Tetraeder, Würfel, Oktaeder usw.). Dementsprechend sollten diese geometrischen Objekte auch im tatsächlichen Aufbau der physikalischen Welt eine zentrale Rolle spielen. Mehr noch: Die Annahme war, dass man mit der Kenntnis sämtlicher Platonischer Körper auch sämtliche geometrischen Formen oder Objekte kennen würde, die in der Physik eine fundamentale Rolle spielen.

Die Kenntnis der relevanten Symmetrien bzw. der relevanten symmetrischen Körper impliziert also eine Einheitlichkeit und Vollständigkeit der Beschreibung und ist insofern ein spezieller Fall der holistischen Erklärungsstrategie.

Insofern sich, wie bei Platon, aus der Kenntnis der relevanten Symmetrien auch sämtliche Grundformen und Kombinationsregeln der Materie ableiten lassen, kann eine Erklärung über Symmetrieprinzipien darüber hinaus auch eine *mereologische Strategie* verfolgen. In diesem Sinne ließe sich auch die Vier-Elemente-Lehre von Aristoteles als Symmetrieerklärung begreifen. Denn immerhin wird hier über die Kombinatorik der fundamentalen Erlebnisqualitäten kalt–warm und trocken–feucht begründet, dass und warum es genau vier Elemente gibt.

Symmetrieerklärungen liegen auch diversen Bereichen der heutigen Physik zugrunde. Wechselwirkungen werden insbesondere dadurch charakterisiert, welche (algebraische) Gruppe notwendig ist für ihre mathematische Beschreibung, wobei jede Gruppe ihre ganz bestimmten Symmetrieeigenschaften hat. So gelang etwa der große Durchbruch in der Beschreibung der starken Wechselwirkung erst, nachdem mithilfe von Symmetrieeigenschaften eine allgemeine Klassifikation der relevanten Teilchen aufgestellt werden konnte.[18] Weil bei dieser Beschreibung die dynamischen Eigenschaften und «Verursacher» der starken Wechselwirkung im Vordergrund stehen, ergibt sich als drittes und letztes auch eine Verbindung zwischen Symmetrieerklärungen und der *explanatorischen Strategie*.

In der Tat existiert ein ganz allgemeiner Zusammenhang zwischen Symmetrie und Dynamik oder genauer: zwischen Symmetrien und Erhaltungssätzen. Zur groben Veranschaulichung mag ein einfaches geometrisches Beispiel dienen: Wenn eine Figur symmetrisch ist, so gibt es bestimmte räumliche Veränderungen (Transformationen), die diese Figur genau auf sich selbst abbilden; bei der also die Gestalt völlig unverändert bleibt. So bleibt beispielsweise ein Quadrat in diesem Sinne erhalten – man sagt auch, es sei «invariant» – gegenüber einer Drehung um 90°. Und ein gleichseitiges Dreieck etwa ist invariant gegenüber einer Drehung um 120°.

Im Kontext der modernen Physik hat die Mathematikerin Emmy Noether 1918 ein allgemeines Theorem bewiesen, wonach es zu jeder kontinuierlichen Symmetrie eines physikalischen Systems eine Erhaltungsgröße gibt. Wenn sich also ein physikalisches System unter einer bestimmten Art von Symmetrie-transformation nicht verändert, so besitzt dieses System eine physikalische Eigenschaft, die erhalten bleibt. Verhält sich das System beispielsweise invariant gegenüber Verschiebungen im Raum, so bleibt der Gesamtimpuls des Systems erhalten. Analog führen Invarianzen gegenüber anderen Transformationen zur Erhaltung der Energie, des Drehimpulses, der Ladung usw.

Transformationsinvarianzen sind aber nicht nur innerhalb einer Theorie und zur Beschreibung eines konkreten physikalischen Systems wichtig. Sie sind auch für die Theoriebildung zentral, insbesondere als Charakteristikum grundlegender physikalischer Gesetzmäßigkeiten. So sollten letztere insbesondere invariant sein gegenüber einem Wechsel des Bezugssystems. Selbstredend darf man die Perspektive wechseln, aus der man einen bestimmten physikalischen Vorgang betrachtet oder beschreibt. Doch die physikalischen Gesetzmäßigkeiten selbst dürfen sich dadurch nicht verändern. In der klassischen Mechanik beispielsweise beschreiben die Galilei-Transformationen die kinematischen Relationen und damit die Übergänge zwischen verschiedenen Bezugssystemen. Dementsprechend sind die New-tonschen Gesetze, die ja für sämtliche Bezugssysteme gelten sollen, invariant unter solchen Galilei-Transformationen.

Neben diesen innerphysikalischen Bedeutungen kommt der Betrachtung von Invarianzen und Symmetrien auch eine erkenntnistheoretische Relevanz zu. Man denke wiederum an Hertz, der unterschiedliche Darstellungen der Mechanik und Elektrodynamik auf ihren gemeinsamen Bestandteil hin untersuchte. Das ist letztlich nichts anderes als eine Suche nach Transformationsinvarianten. Und diese Invarianten markierten dann für ihn genau den objektiven Bestandteil einer Theorie.

Wenn man so möchte, ist also innerphysikalisch wie erkenntnistheoretisch das Verhalten unter Symmetrietransformation ausschlaggebend für die objektiven und beständigen Eigenschaften von physikalischen Systemen wie auch Theorien.

Als nächstes stellt sich die Frage nach dem historischen Wandel solcher Symmetrieerklärungen. Hier muss es einen wichtigen Unterschied zwischen den Symmetrieerklärungen beim frühen Kepler und denjenigen in der heutigen Teilchenphysik geben, denn immerhin erscheint der Keplersche Versuch, die Planetenbahnen durch das Ineinanderschachteln Platonischer Körper zu erklären, aus heutiger Perspektive «offensichtlich fehlgeleitet».

Selbst wenn Kepler nicht auf eine Zuordnung zu Platonischen Körpern zurückgegriffen hätte, sondern stattdessen, wie in der modernen Teilchenphysik üblich, auf eine Klassifikation von (algebraischen) Gruppen hätte zurückgreifen können – sein Vorgehen erschiene immer noch naiv. Steven Weinberg sieht den Grund hierfür treffenderweise darin, dass Kepler in seinem *Mysterium Cosmographicum* die Symmetrieprinzipien direkt auf die Planeten anwendet anstatt auf die Grundbestandteile der Materie.

Symmetrieprinzipien haben sich in der modernen Physik vor allem dann bewährt, wenn es darum ging, eine einheitliche Struktur auf (vermeintlich) fundamentaler Ebene aufzuzeigen. In diesem Sinne mag der Aufbau und das Verhalten bestimmter subatomarer Teilchen in sinnvoller Weise durch Symmetrieeigenschaften von Quarks gefasst werden. Aber solche Symmetrieprinzipien taugen im Allgemeinen nicht zur Beschreibung der konkreten Eigenschaften und des Verhaltens makroskopischer Körper wie etwa der Planeten.

Diese Entwicklung in der Verwendung von Symmetrieprinzipien könnte man mit Rückgriff auf die Cassirersche Terminologie einmal mehr als eine Abkehr von Ausdrucks- und Darstellungsfunktion begreifen. Das soll nicht heißen, Symmetrieüberlegungen würden im makroskopischen Bereich keinerlei Rolle mehr spielen – einfache Überlegungen zu den Symmetrieverhältnissen an einer Waage können beispielsweise die Aufstellung des Hebelgesetzes motivieren. Allerdings werden Symmetrien in der Regel nicht mehr benutzt, um die wahrnehmbare äußere Gestalt von Körpern oder Bewegungen direkt auszudrücken oder darzustellen. Stattdessen werden sie – im Kontext grundlegender Beschreibungen der Materie – in einer reinen Bedeutungsfunktion verwendet. Es werden ideale Setzungen vorgenommen, wie etwa bei der Farbladung der Quarks, und von diesen dann bestimmte

Symmetrieeigenschaften behauptet. Ganze Theorien, insbesondere das Standardmodell der Teilchenphysik und die Allgemeine Relativitätstheorie, sind in diesem Sinne wesentlich durch Symmetrien charakterisiert.

Wie weit die physikalische Theoriebildung von Annahmen über Symmetrien durchdrungen ist, zeigt sich auch in solchen Fällen, in denen keine offensichtlichen oder besonders hochgradigen Symmetrien vorliegen. Hier sei erneut an Kepler – nun allerdings den späten – erinnert. Die Abkehr von den kreisförmigen Planetenbahnen bedeutete für ihn zugleich die Notwendigkeit, nach einer Ursache für die neuen, weniger symmetrischen Bahnen zu suchen. Es musste eine besondere Kraft geben, da ansonsten uneinsichtig bleiben musste, warum sich die Planeten «lediglich auf Ellipsenbahnen» bewegen und nicht auf «perfekten Kreisbahnen».

Außerdem ist hier die sogenannte «spontane Symmetriebrechung» zu nennen. Dieser Begriff aus der Quantenfeldtheorie beschreibt Fälle, in denen den physikalischen Grundzuständen eine bestimmte Symmetrie fehlt («spontan gebrochen» wird), die aber auf der Ebene der grundlegenden Gesetze vorliegt. Das kann ebenfalls als eine Verwendung von Symmetrien in reiner Bedeutungsfunktion verstanden werden. Denn sie werden selbst dann als strukturierend für die physikalische Wirklichkeit angesehen, wenn sie nicht direkt zum Ausdruck bzw. zur Darstellung der Zustände des betreffenden Systems verwendet werden können.

4. Anschluss an die Empirie

Bisher ging es bei den verschiedenen erkenntnistheoretischen Motiven der Physik vor allem um die Entwicklung in der Begriffsbildung, um formale Zusammenhänge zwischen Theorien u. ä. Es ging also vor allem um innertheoretische Aspekte. Was bisher nur nebenbei angesprochen wurde, aus heutiger Perspektive aber ganz zentral ist, ist der Anschluss an die Empirie – an konkrete Daten, wie man sie aus Beobachtungen, Messungen und Experimenten gewinnt.

Insofern die Physik den Anspruch erhebt, eine Erfahrungswissenschaft zu sein, die den Aufbau und das Verhalten der Materie adäquat beschreibt, muss sie dem entsprechenden Datenbestand in angemessener Weise Rechnung tragen. Gelingt einem Theorieansatz kein erfolgreicher Anschluss an empirische Daten, so mag man ihm den Status absprechen, wirklich eine *physikalische* Theorie zu sein. Genau in diese Richtung zielt beispielsweise die bereits erwähnte Kritik an der Stringtheorie. Letztere schaffe zwar einen – in gewisser Hinsicht ästhetisch sehr ansprechenden – mathematischen Rahmen, es fehle aber der hinreichende Bezug zu konkreten empirischen Daten.

Worauf sich Stringtheoretiker und andere Vertreter moderner Vereinheitlichungstheorien bei derartigen Vorwürfen in der Regel berufen, ist die *prinzipielle Möglichkeit*, ihre Ansätze mit empirischen Befunden zu konfrontieren. Demnach lägen zwar, zugegebenermaßen, *bis jetzt* noch keine entsprechenden Daten vor, an denen sich etwa die Stringtheorie bewähren könnte. Allerdings sei das allein eine Folge der technischen Möglichkeiten, die eben *noch nicht* fortgeschritten genug seien.

Eine solche Erwiderung ist sicherlich möglich, ihre weitere Diskussion erweist sich allerdings als schwierig oder müßig. Denn es bleibt zumeist notorisch unklar, was es überhaupt heißt, etwas sei «im Prinzip möglich». – Zum Vergleich: Warum sollte es mir nicht zumindest im Prinzip möglich sein, über den Ärmelkanal zu springen? Doch was genau ist mit einer solchen Einschätzung gewonnen, wenn es um Argumente über den konkreten Anschluss an empirische Befunde geht?

Aufschlussreicher aus erkenntnistheoretischer Perspektive ist an dieser Stelle die Einordnung verschiedener Theorieansätze entlang der bereits behandelten Kriterien für die Theoriewahl. So hängt es vom genaueren Verständnis und der genaueren Gewichtung der Kriterien *Einheit der Erfahrung* und *Einfachheit des Formalismus* ab, wie viel Wert man auf welche Art direkter empirischer Bestätigung legt und ob beispielsweise die Stringtheorie als genuin physikalischer Ansatz gilt oder doch eher als mathematischer.

Mit Blick auf die empirische Bewährung sollen in diesem

Kapitel zwei besonders wichtige und charakteristische Kontexte behandelt werden: die Rolle von Vorhersagen und die Rolle von Experimenten. Wie sich herausstellen wird, hat auch hier jeweils ein erheblicher historischer Wandel stattgefunden.

Bedeutung von Vorhersagen

Heutzutage kommt Vorhersagen ein großes Gewicht bei der empirischen Bewährung einer Theorie zu. Sie gelten als besonders wichtig, weil sie den (vermeintlichen) Status einer unabhängigen Prüfung haben. Demgegenüber haben Theorien, die erst im Nachhinein einen abgeschlossenen Datenbestand erklären, immer so etwas wie einen «schalen Beigeschmack». Ihnen wird meist unterstellt, sie seien eben maßgeschneidert worden für eine bestimmte gegenwärtige Datenlage und es sei kaum zu erwarten, dass sie zukünftig erfolgreiche Vorhersagen lieferten.

Eine solch besondere Wertschätzung von Vorhersagen ist aber keineswegs zwingend. Erstens mag man sie schon aus logischen Gründen ablehnen. Zwei Theorien, die den gleichen Datenbestand in gleicher Weise abdecken, seien doch offensichtlich empirisch gleich erfolgreich – und das unabhängig davon, ob diese Daten nun vor oder nach dem Aufstellen der Theorie erhoben wurden.

Zweitens handelt es sich bei dieser besonderen Wertschätzung von Vorhersagen auch nicht um eine historische Konstante in der Geschichte der Physik; und auch die quantitativen Ansprüche an Vorhersagen haben sich teilweise gewandelt.

So zeichneten sich etwa die antiken Theorien über den Aufbau und das Verhalten der Materie gerade nicht durch die Möglichkeit aus, mit ihnen konkrete quantitative Vorhersagen machen zu können. Thales' Annahme, der Ursprung von allem sei Wasser, Pythagoras' Ansicht, alles sei Ausdruck harmonischer Zahlenverhältnisse, Demokrits Behauptung, alles sei aus Atomen aufgebaut, usw.: All das taugte nicht, um ein konkretes Phänomen, ein konkretes Verhalten eines physikalischen Körpers vorherzusagen. Doch das wurde vermutlich gar nicht als direktes Defizit empfunden – und es mindert auch nicht die Verdienste, die diesen Positionen für die allgemeine Entwicklung der Physik zukommen.

Die antiken Grundlagentheorien waren nicht primär als Prognoseinstrumente gedacht. Selbst die Physik von Aristoteles, die von allen antiken Ansätzen wohl noch am besten für den direkten Anschluss an die Empirie geeignet war, lieferte keine quantitativen Vorhersagen, sondern eher qualitative Einschätzungen.

Allerdings gibt es einen Bereich, den man heute klar zur Physik rechnet und in dem bereits lange vor den Vorsokratikern und Aristoteles Vorhersagen mit hoher quantitativer Präzision besonders wichtig waren: nämlich die Astronomie. Allerdings lag die Forderung nach Genauigkeit hier zunächst nicht so sehr an einem theoretischen oder allgemein physikalischen Erklärungsinteresse, sondern vor allem an der alltagspraktischen Relevanz, die dem Auftreten bestimmter Himmelserscheinungen zugeordnet wurden.

Beispielsweise war es für die Landwirtschaft wichtig, möglichst genau zu wissen, wann es zu Überschwemmungen von Flussniederungen und Küstenstreifen kommt, um den Getreideanbau u. ä. möglichst ertragreich gestalten zu können. Und genau dieses Wissen konnte aus einer genauen Beobachtung der relativen Positionen der Gestirne gewonnen werden.

Darüber hinaus sah man in astronomischen Ereignissen einen direkten Ausdruck der Geneigtheit der Götter bzw. eines göttlichen Willens. Um schicksalsträchtige Entscheidungen (beispielsweise im Kontext von Kriegshandlungen) in bestmöglicher Weise treffen zu können, war es eben wichtig zu wissen, wann «die Sterne günstig stehen».

Letztere Interpretation astronomischer Daten liegt uns heute sicherlich fern. Und auch erkenntnistheoretisch ist an dieser Stelle etwas ganz anderes relevant, und zwar die Tatsache, dass diese quantitativen Vorhersagen astronomischer Ereignisse fast völlig «theoriefrei» erfolgten. Es gab insbesondere keine allgemeine Theorie der Sonnenfinsternisse, mit der man auf der Grundlage physikalischer Gesetze eine Finsternis hätte vorausberechnen können. Was es gab, waren riesige Mengen an Beobachtungsdaten, die zum Teil schon Jahrtausende vor Christus vor allem in Babylonien, Ägypten, China und Indien aufgenommen wurden. Und diese Völker hatten gelernt, auf der Grundlage dieser Daten zu extrapolieren. Das heißt, man hatte zeitliche Muster im Auftreten von Sonnenfinsternissen gefunden und konnte diese Muster dann fortsetzen und somit voraussagen, wann vermutlich die nächste Sonnenfinsternis auftreten wird.

Aus heutiger Perspektive könnte man die Situation in der Antike etwas überspitzt so beschreiben: Bei den fundamentalen Theorien des Materieaufbaus spielten Vorhersagen keine Rolle; und dort, wo Vorhersagen eine wichtige Rolle spielten und auch erfolgreich waren (in der Astronomie), gab es zunächst keine geschlossenen Theorien. Eudoxos (ca. 400–350 v. Chr.) gilt gemeinhin als erster, der überhaupt eine Modell- oder Theoriebildung in der Astronomie (mittels Geometrie) versucht hat.

Anders als in China und Babylon, wo weiterhin allein eine gute Prognostik im Vordergrund stand, ging ab dieser Zeit das Erkenntnisinteresse der Griechen zumindest in Teilen hin zu einem Verstehen und Erklären anhand mathematischer Modelle (vgl. die Bemerkungen zu Archimedes und dem Hellenismus aus Teil I). Nachhaltig durchgesetzt hat sich eine modellbildende und zugleich «empirisch erfolgsorientierte» Formalisierung der Grundlagentheorien der Physik aber vor allem in der Frühen Neuzeit. Die Möglichkeiten, fundamentale Wechselwirkungen zwischen Körpern ganz allgemein und quantitativ zu beschreiben, stiegen vehement, und es ergaben sich neue bahnbrechende Möglichkeiten. Man konnte nicht nur immer präzisere Vorhersagen machen, sondern gerade durch Theorie- und Modellbildung wurde es immer einfacher, Ereignisse und Abläufe gezielt zu beeinflussen. Das war ja bereits das erklärte Ziel bei der Nutzung astronomischer Daten für eine möglichst ertragreiche Landwirtschaft. Doch mit dem Aufkommen einer mathematisierten Physik konnten solche gezielten Manipulationen in deutlich systematischerer Weise erfolgen, und vor allem konnte man sie viel effizienter zur Gestaltung technischer Geräte benutzen.

Selbstverständlich gab es auch vor der Frühen Neuzeit schon technische Geräte, und es sollen hier die Leistungen insbesondere von Archimedes nicht geschmälert werden. Dennoch hält mit der zunehmenden Mathematisierung der Physik eine besondere Systematisierung auch der Anwendungen und technischen Umsetzungen Einzug. Die industrielle Revolution im 19. Jahrhundert wäre ohne die frühneuzeitlichen Entwicklungen in Mechanik und später der Thermodynamik und Elektrodynamik nicht möglich gewesen.

Es bedarf keiner gesonderten Betonung, wie sich diese Entwicklung seitdem fortgesetzt hat und in vielen Fällen die Ansprüche gestiegen sind, die an die quantitative Güte von Vorhersagen gestellt werden. Mittlerweile haben auch die großen theoretischen Neuerungen der Physik des 20. Jahrhunderts an vielen Stellen Einzug gehalten in die Alltagswelt. Beispielhaft genannt seien hier nur das GPS-Navigationssystem im Auto und die Photovoltaik auf dem Hausdach, die auf den Vorhersagen und Erkenntnissen der Allgemeinen Relativitätstheorie bzw. der Quantenphysik beruhen.

Rolle von Experimenten

Wenn es um den Anschluss physikalischer Theorien an die Empirie geht, so spielen Experimente sicherlich eine zentrale Rolle. Doch wie sich diese Rolle genau gestaltet, das hat sich historisch gewandelt und hängt entscheidend davon ab, wie man den Begriff «Experiment» fasst. So mag es beispielsweise strittig sein, ob eine passive Beobachtung der Sternen- und Planetenbewegung in einem engeren Sinne als «Experiment» gelten kann. Erkenntnistheoretisch wie wissenschaftshistorisch interessanter ist aber eine andere (quasi umgekehrte) Frage, die sich insbesondere aus dem Blickwinkel der Antike stellt: Wie konnte es überhaupt dazu kommen, dass Experimente, bei denen in den Zustand der Natur bewusst eingegriffen wird, zum Erkenntnisinstrument der Physik wurden?

In Teil I wurde auf das antike Verständnis und die Wortbedeutung von *phýsis* als etwas (von sich aus) Gewachsenem eingegangen sowie auf *epistéme* und *téchne* als unterschiedlichen Wissensformen. Insofern in einem Experiment eine bestimmte Ausgangssituation durch handelndes Eingreifen aktiv herbeigeführt wird, fällt es in den Bereich der *téchne*. So gehörten beispielsweise die Experimente von Archimedes, bei denen es um konkrete und anwendungsbezogene Verbesserungen mechanischer Geräte insbesondere für Wasserbau und Kriegsführung ging, in eben diesen Wissensbereich. Solche Experimente dienten nicht zur Ursachenforschung im Sinne der *epistéme*. Mehr noch: Letztlich konnte es eine adäquate Erkenntnis *der Natur* mittels Experiment gar nicht geben. Denn insofern Experimente immer Manipulationen durch den Menschen einschließen, zeigen sie ja genau *nicht* das «natürliche» Verhalten (die *phýsis*) äußerer Gegenstände. Aus antiker Perspektive hätten sie ähnlich wenig Aufschluss geboten, wie wenn beispielsweise ein Ornithologe einen Baumfalken fangen und in einen kleinen Käfig sperren würde, um so dessen Jagdverhalten besser studieren zu können.

Das Experiment als zentraler Bestandteil der Physik konnte sich dementsprechend erst etablieren, als sich diese Trennung von Kultur- und Technikbegriff einerseits und Naturbegriff andererseits zusehends auflöste. Physikalische Gesetzmäßigkeiten, so die neue Annahme, müssen für alle materiellen Körper in gleicher Weise gelten – unabhängig davon, ob diese Körper zuvor durch Menschen oder anderweitig präpariert wurden oder nicht. Erst mit dieser Annahme wurde der Weg frei, um (eingreifende) Experimente als genuines Erkenntnisinstrument der Physik zu begreifen. Außerdem war diese Annahme, wie erwähnt, sehr wichtig, um sich die gesetzmäßigen Zusammenhänge der Mechanik systematisch zunutze zu machen, insbesondere für den Bau technischer Geräte.

Heutzutage wird die bewusste Manipulation und Herstellung bestimmter Ausgangsbedingungen im Experiment nicht mehr als ein unlauterer Eingriff in die Natur verstanden. Außerdem wird heute kaum jemand leugnen wollen, dass Experimente eine wichtige Rolle in der Physik spielen. Was dabei allerdings genau ihre erkenntnistheoretische Funktion ist, darüber gab es vor allem in den vergangenen Jahrzehnten eine angeregte Diskussion innerhalb der Wissenschaftstheorie.

Von der Frühen Neuzeit bis ins 20. Jahrhundert hat die Philosophie Experimente vor allem als Werkzeug für die Überprüfung von Theorien betrachtet. Hat man eine physikalische Theorie aufgestellt, so die naive Annahme, kann man im Anschluss ja ein Experiment durchführen, um sie zu überprüfen. Doch diese Annahme ist schon deshalb problematisch, weil physikalische Gesetze Allgemeingültigkeit beanspruchen. Wie sollte man beispielsweise das Galileische Fallgesetz, wonach sich *alle* schweren Körper im Schwerefeld der Erde nach unten bewegen, überprüfen? Dazu müsste man tatsächlich sämtliche schweren Körper untersuchen, da ansonsten eben nicht ausgeschlossen werden kann, dass es Ausnahmen gibt.

Wegen dieser Problematik setzte sich – vor allem durch die wissenschaftstheoretischen Arbeiten von Karl Popper (1902–1994) – für lange Zeit im 20. Jahrhundert ein sogenannter «Falsifikationismus» durch, wonach Theorien zwar nicht mit absoluter Sicherheit positiv nachgeprüft, sehr wohl aber widerlegt werden können. Um beim Beispiel von eben zu bleiben: Sobald man auch nur einen schweren Körper findet, der im Schwerefeld der Erde nicht nach unten fällt, ist das Galileische Fallgesetz widerlegt.

Damit wirft der Falsifikationismus allerdings ein sehr eigenartiges Licht auf die Motivation und das Ziel von Experimenten. Laut Popper können diese sinnvollerweise nur darin bestehen, Gegenbeispiele zu finden, um Theorien zu widerlegen. Doch ist es plausibel anzunehmen, Physiker würden Experimente lediglich machen, um ihre eigenen Ansätze zu Fall zu bringen? Die Absichten scheinen doch in der Regel eher positiv zu sein: Man will eine Theorie vielleicht nicht direkt überprüfen, aber eben doch zusätzliches Datenmaterial sammeln, an dem sich die Theorie weiterhin bewährt, dem sie in angemessener Weise Rechnung trägt.

Es lässt sich noch ein allgemeinerer Kritikpunkt gegen die Poppersche Position anführen. Und zwar wurde bisher immer angenommen, das Experimentieren erfolge theoriegeleitet. Es wurde immer von der Existenz einer elaborierten Theorie ausgegangen, die anschließend im Experiment überprüft bzw. falsifiziert werden sollte. Doch diese Annahme ist in ihrer allgemeinen Form nicht gerechtfertigt. Vielmehr erklärt sie sich, einmal mehr, durch den historischen Kontext, in dem sie entstanden ist.

Die Philosophen haben in der Regel die Kern- bzw. Teilchenphysik als Paradebeispiel der Physik des 20. Jahrhunderts betrachtet. Und sieht man von einigen kurzen Perioden zu Beginn und zur Mitte des Jahrhunderts ab, so war die Theorie dem Experiment tatsächlich, salopp gesprochen, immer einen Schritt voraus. Es gab fast immer konkrete theoretische Annahmen, Modelle, die zum Anlass für bestimmte Experimente genommen werden konnten. Großprojekte der letzten Jahrzehnte wie etwa aktuell der LHC am CERN wären sicherlich nicht gebaut worden, wenn es nicht konkrete theoretische Voraussagen gegeben hätte, die man einem experimentellen Nachweis (oder besser: einer experimentellen Bewährung) unterziehen konnte.

Doch dieses Nacheifern der Experimente hinter der Theorie ist eine momentane historische Zufälligkeit. Nicht immer war es in der Geschichte der Physik so, dass die Theorie dem Experiment voraus war. Das zeigte sich ja bereits in Teil I bei der Diskussion der Anfänge von Thermodynamik, Elektrodynamik und Quantenmechanik. Auch heute sind nicht sämtliche Subdisziplinen der Physik strikt theoriedominiert. So ist man beispielsweise in der gegenwärtigen Forschung im Bereich der Hochtemperatursupraleitung weit davon entfernt, die entsprechenden Materialeigenschaften theoretisch angemessen begriffen zu haben. Stattdessen werden mithilfe heuristischer Verfahren neue Materialien entwickelt und dann experimentell auf ihre elektrische Leitfähigkeit in Abhängigkeit von der Temperatur untersucht. Auf diese Weise findet man neue Supraleiter – was ja das Ziel dieses Unterfangens ist –, aber man bestärkt oder widerlegt nicht direkt bestimmte Theorien.

Auch sei nochmals auf die Anfänge der Elektrodynamik verwiesen. Beispielsweise waren, wie der Wissenschaftshistoriker Friedrich Steinle gezeigt hat, die frühen Versuche von Ampère keineswegs theoriegeleitet, sondern vielmehr explorativ. Es ging zunächst darum, einen völlig neuen Phänomenbereich grob zu sondieren und Ausschau nach allgemeinen Wenn-dann-Beziehungen zu halten. Weiterhin mussten zugleich passende Begrifflichkeiten entwickelt werden. Heute erscheint es einfach, die Ablenkung einer Magnetnadel in der Nähe eines stromdurchflossenen Leiters zu beschreiben. Allerdings ist eine solche Beschreibung nicht trivial, wenn man keinen oder nur einen sehr vagen Begriff von Strom, Stromrichtung und Magnetfeld hat – und auch keine standardisierten Geräte besitzt, um diese Größen zu messen.

Dementsprechend können in solch einer historischen Phase Experimente gar nicht als gezielte Bewährungsproben für bestimmte Theorien aufgegleist werden. Solange man nicht schon im Wesentlichen übereinstimmt, welche theoretischen Größen relevant sind und welche Teilchen, Felder, Kräfte überhaupt existieren, wird man sich in der Regel auch nicht einigen können, welcher Versuchsaufbau sinnvoll ist. Selbst auf geeignete Messinstrumente wird man sich nicht verständigen können, soweit diese auf theoretischen Annahmen fußen, die den gleichen Phänomenbereich betreffen. So basiert beispielsweise der Aufbau und Einsatz eines Spannungsmessgeräts auf Annahmen über Elektrizität; und eine mechanische Küchenwaage setzt die Gültigkeit mechanischer Gesetzmäßigkeiten voraus – in der Regel, je nach Bauart, die des Hebelgesetzes oder des Federgesetzes.

Zusammenfassend, so lässt sich festhalten, kommt dem Experimentieren eine ganz wesentliche Rolle in der Physik zu, wobei die konkreten Ausprägungen dieser Rolle allerdings sehr unterschiedlich sein können. Sie reichen von einer ersten groben begrifflichen Aufschließung eines neuen Phänomenbereichs bis hin zur direkten Bewährungsprobe für eine einzelne Vorhersage einer bestimmten Theorie. Das historische Hin-und-Her spiegelt hier sehr schön eine wechselseitige Bedingtheit zwischen Experiment und Theorie wider, die eben durchaus eine erhebliche Bandbreite aufweist.

Schluss

Zum Abschluss soll noch ein kurzer Blick auf die Physik als Ganzes und auf ihre Abgrenzung zu anderen Forschungsdisziplinen geworfen werden.

Einheitlichkeit der Physik

Zunächst stellt sich die Frage, ob es etwas gibt, das allen oben beschriebenen physikalischen Theorien und Ansätzen gemeinsam ist. Diese Frage lässt sich auf zwei Ebenen beantworten, einmal inhaltlich und einmal methodisch.

In der Einleitung wurde die Physik eingeführt als diejenige Disziplin, die seit nunmehr zweieinhalbtausend Jahren den allgemeinen Aufbau und das Verhalten der Materie untersucht – auch wenn sich die Ansichten darüber, was Materie eigentlich ist und wie sie untersucht werden kann, immer wieder gewandelt haben und wohl auch weiter wandeln werden. Diese inhaltliche Bestimmung hatte allerdings den Charakter einer allgemeinen Arbeitshypothese und bleibt dementsprechend unscharf.

Eine strikte und inhaltlich schärfere Bestimmung scheint kaum möglich, da selbst schon die erwähnte Arbeitshypothese mit Blick auf einige physikalische Subdisziplinen problematisch ist. Es gibt keine verbindliche Menge, keinen «Kern» von konkreten Annahmen, mit denen der Aufbau und das Verhalten von Materie von den Vorsokratikern bis in die Gegenwart beschrieben worden wäre. Auf konkreter inhaltlicher Ebene haben beispielsweise die antiken «Elemente» Feuer, Wasser, Erde und Luft kaum etwas gemeinsam mit den modernen «Elementarteilchen» (Leptonen, Quarks, Eichbosonen).

Aber wie steht es mit einer inhaltlichen Einheitlichkeit, wenn man von der geschichtlichen Entwicklung absieht und sich allein auf die *gegenwärtige* Physik konzentriert? Diese Frage kann mit Rückgriff auf Abbildung 4 (Seite 81) beantwortet werden.

Je weiter oben in der Abbildung eine Theorie eingezeichnet ist, umso universeller wird allgemein ihr Anwendungsbereich angenommen. In diesem Sinne spiegelt die Abbildung Aspekte einer inhaltlichen Vereinheitlichung wider. Allerdings ergaben sich, um es bildlich auszudrücken, die konkreten «Verstrebungen», die für die Stabilität des Gebäudes sorgen, oftmals nicht aus direkten inhaltlichen Erweiterungen, sondern aus Analogieüberlegungen und in einigen Fällen auch aus der formalen Betrachtung mathematischer Grenzfälle.

Mit Blick auf das gegenwärtige Theoriegebäude ergibt sich die Einheitlichkeit der Physik also eher auf einer methodischen als auf einer inhaltlichen Ebene. Und das Gleiche gilt, wenn man den Blick wieder öffnet für die geschichtliche Dimension.

Letztlich ging es im gesamten Teil II dieses Buches um nichts anderes als diesen methodischen «Kern» in seiner historischen Entwicklung. Zu diesem Zweck wurden verschiedene erkenntnistheoretische Motive auf ihre zeitliche Veränderung bzw. Konstanz hin untersucht.

Manches unterlag einer eher gerichteten Entwicklung, wie im Fall der zunehmenden Mathematisierung und abnehmenden Anschaulichkeit. Damit zusammen hängt das Aufkommen symbolischer Konstruktionen und idealer Setzungen, die es – man möchte fast ergänzen: ironischerweise – erst ermöglichten, den allgemein steigenden *konkreten* quantitativen Anforderungen an Experiment und Vorhersagen Rechnung zu tragen.

Anderes blieb relativ konstant – insbesondere das Arsenal der verschiedenen Erklärungsstrategien. So ist zwar die Elementenlehre des Empedokles inhaltlich sehr verschieden vom modernen Standardmodell der Teilchenphysik. Nichtsdestotrotz kann man beide – um auf einen Begriff aus der Einleitung zurückzukommen – als historische «Variationen» ein und derselben Erklärungsstrategie betrachten: nämlich der mereologischen.

In allen Fällen aber – egal ob einheitliche Entwicklungsrichtung oder historische Variation – erwiesen sich diese erkenntnistheoretischen Motive als prägend für die Physik selbst. Denn sie eröffneten jeweils die Rahmenbedingungen für die Begriffs- und Theoriebildung und den Anschluss an die Empirie.

Eine Einheitlichkeit der Physik ergibt sich also vor allem über diese allgemeinen Motive, die das methodische Vorgehen in der Disziplin durch die Geschichte hindurch geprägt haben. Es ist die historische Dynamik dieser Motive, die die Antwort auf die eingangs gestellte Frage bietet, wie denn die Physik erkenntnistheoretisch «funktioniere».

Vergleich mit anderen Naturwissenschaften

Mit der Frage nach der Einheitlichkeit der Physik ist zugleich eine weitere Frage impliziert, und zwar die nach einer Abtrennung der Physik von anderen akademischen Disziplinen und insbesondere von anderen Naturwissenschaften.

Vieles ist hier stark geprägt worden durch die historische Entwicklung von konkreten gesellschaftlich-institutionellen Umfeldern. Das gilt nicht nur für die heutigen Forschungsinstitutionen und Lehreinrichtungen, sondern auch für die wissenschaftlichen Akademien und höfischen Umgebungen der Frühen Neuzeit wie auch bereits für die unterschiedlichen gesellschaftlichen, teilweise religiösen Verankerungen von Astronomie und Naturforschung in den Hochkulturen vor zweieinhalbtausend Jahren. Ungeachtet dieser zweifelsohne sehr wichtigen Zusammenhänge, möchte ich die Frage nach einer möglichen Abtrennung der Physik von anderen Disziplinen aber erneut erkenntnistheoretisch und nicht wissenssoziologisch beantworten.

Da im vorigen Abschnitt keine inhaltlich scharfe und einheitliche Bestimmung der Physik gegeben werden konnte, ist auch eine inhaltliche Abgrenzung gegenüber unmittelbaren Nachbardisziplinen problematisch – zumindest wenn man nach einem einzelnen und einheitlichen Kriterium sucht, das insbesondere sämtliche physikalischen und chemischen Subdisziplinen in sauberer Weise voneinander unterscheidet. Eine Abgrenzung der aktuellen Inhalte von Physik und Chemie könnte, wenn überhaupt, wohl nur in Form einer langen Liste einzelner Objekte,

Themen und Thesen erfolgen. Doch damit ginge die geschichtliche Dimension wie auch jeweils eine innere Einheitlichkeit von Physik und Chemie verloren.

Mehr Erfolg verspricht daher, wie schon im letzten Abschnitt, der Blick auf die methodische Ebene und auf allgemeine erkenntnistheoretische Motive. Nun ist es eine Sache, diese Motive als Charakteristika darzustellen, die sich prägend durch die gesamte Physikgeschichte ziehen. Etwas anderes ist es zu fragen, ob diese Motive spezifisch genug sind, um mit ihnen die Physik von anderen Disziplinen abzutrennen. Denn auch andere Disziplinen verwenden obige Erklärungsstrategien und wurden im Laufe ihrer Geschichte teilweise formalisiert.

Der wichtigste Unterschied liegt wohl in den spezifischen Ausprägungen dieser Motive. Insbesondere weist die Physik in der Regel einen besonders hohen und elaborierteren Grad der Mathematisierung auf, was auch zu besonderen Formen der verschiedenen Erklärungsstrategien führt. Man denke hier neben konkreten Theorien wie etwa der Allgemeinen Relativitätstheorie und der Quantenfeldtheorie auch an allgemeine formalisierte Zusammenhänge, die von direkter erkenntnistheoretischer Relevanz sind, wie etwa die Mathematisierung des «Prinzips der kleinsten Wirkung».

Umgekehrt weisen viele Teilbereiche anderer Naturwissenschaften, wie etwa die Evolutionstheorie und Zoologie in der Biologie oder die Tektonik in der Geologie, im Vergleich zur Physik kaum bedeutsame und fachintern unstrittige Formalisierungen auf.

Solche Unterschiede gelten aber selbstverständlich nur «in der Regel» oder «en gros». So sind einzelne Bereiche der anorganischen Chemie wiederum stärker formalisiert als Teile der Umweltphysik. Aber das ist eben eher die Ausnahme.

Mit der allgemein hohen Elaboriertheit der mathematischen Darstellung geht eine besondere quantitative Güte vieler physikalischer Prognosen und Experimente einher. Bei weniger formalisierten Disziplinen, wie etwa den gerade genannten aus Biologie und Geologie, sind quantitative Vorhersagen kaum möglich und stehen auch nicht im Fokus des Erkenntnisinteresses. Und selbst unter den naturwissenschaftlichen Subdisziplinen, bei denen quantitative Vorhersagen möglich sind, stechen in der Regel die physikalischen durch ihre besondere Präzision hervor. So ist beispielsweise das in der Quantenfeldtheorie berechnete anomale magnetische Moment des Elektrons mit einer Genauigkeit von $1:10^{12}$ (also auf ein Billionstel bzw. auf zwölf Stellen genau) experimentell bestimmt; die von der Allgemeinen Relativitätstheorie behauptete Gleichheit von träger und schwerer Masse gar mit $1:10^{13}$. Eine solche Präzision übertrifft deutlich diejenige anderer naturwissenschaftlicher Disziplinen.

Es mag im ersten Moment kurios erscheinen, dass ausgerechnet diejenige Naturwissenschaft, die sich mit ihren Theorien am weitesten von einem anschaulichen Alltagsverständnis gelöst hat, nun die exaktesten Ergebnisse und Vorhersagen liefert. Doch wie in Teil II diskutiert, war diese Entwicklung hin zur Unanschaulichkeit ja genau die Konsequenz aus dem Bestreben, numerisch möglichst präzise Beschreibungen zu finden.

Im Zuge der Einführung von dem, was oben als symbolische Konstruktion bezeichnet wurde, ist es der Physik gelungen, sich vieler – aus ihrer Perspektive irrelevanter – Fragestellungen zu entledigen. Man hielt wissenschaftliche Begriffe und Theorien nicht mehr für den direkten Ausdruck einzelner äußerer Gegebenheiten, verwendete sie also im Cassirerschen Sinne nicht mehr in einer Ausdrucks- oder Darstellungsfunktion. Wie die obige Diskussion des Massebegriffs illustriert hat, stellten sich somit viele inhaltliche Fragen gar nicht mehr, die zuvor im Anschluss an ein anschauliches Alltagsverständnis zu beantworten gewesen wären.

Am beeindruckendsten und prägnantesten zeigt sich das wohl im Fall der Symmetrieprinzipien, die oben bereits bei den Erklärungsstrategien in besonderer Weise hervorgehoben wurden. Eine Erklärung, die auf Symmetrien in einer reinen Bedeutungsfunktion zurückgreift, vereinigt wesentliche Aspekte mereologischer, explanatorischer und holistischer Beschreibungen.

Was damit gemeint ist, kann am einfachsten über ein kontrastierendes Beispiel aus einer anderen Disziplin gezeigt werden.

Die Mineralogie benutzt Symmetrien, um Kristalle zu beschreiben und zu klassifizieren. Dabei werden die Symmetrien in einer Darstellungsfunktion verwendet. Denn es geht darum, direkt die Regelhaftigkeit ihrer äußeren Erscheinungsform zu unterscheiden und zu ordnen.

Solche Fälle gab es, wenn auch in spekulativerer Form, ebenfalls in der Physik – man denke etwa an die Zuordnung von Elementen zu regelmäßigen Polyedern bei Platon. Doch von dort aus hat sich die Physik immer weiter in Richtung einer Verwendung von Symmetrien in reiner Bedeutungsfunktion entwickelt. Ein Beispiel hierfür lieferte die Quantenchromodynamik und wie dort das Verhalten von Quarks und Gluonen über Symmetriegruppen beschrieben wird.

Diese Beschreibung hat eine neue Qualität, weil hier – anders als im Fall der Beschreibung von äußeren Kristallformen – die Symmetrien zur Aufstellung der fundamentalen Gesetze und damit zur Beschreibung der zeitlichen Dynamik verwendet werden, die direkt für quantitativ präzise empirische Vorhersagen genutzt werden können. Und das gilt in Fällen der spontanen Symmetriebrechung sogar dann, wenn die konkreten Grundzustände die entsprechende Symmetrie gar nicht besitzen.

Gleichzeitig ist es nicht (mehr) notwendig, das Beschriebene in einem anschaulichen Sinne zu verstehen. Es bedarf keiner konkreten Vorstellungen von der äußeren Gestalt der Teilchen und auch nicht von der Art oder «dem Wesen» der involvierten Kräfte. Die Beschreibung mithilfe von Symmetrien ist in gewisser Weise selbstgenügsam.

Auch wenn das immer noch kein allumfassendes und unangreifbares Unterscheidungskriterium darstellen mag: Diese Anwendung von Symmetrien in reiner Bedeutungsfunktion ist ein methodisches Vorgehen, das für viele Bereiche der heutigen Physik besonders typisch ist. Historisch entwickelt hat es sich entlang der oben behandelten erkenntnistheoretischen Motive, insbesondere der genannten Erklärungsstrategien und der Mathematisierung. Und besonders rasant entwickelt sich die Physik, seitdem die Bedeutung dieser Motive zumindest teilweise von den Beteiligten selbst reflektiert wurde.

Literaturverzeichnis

Aufgeführt sind ausschließlich Buchpublikationen (soweit vorhanden in deutschsprachiger Ausgabe). Neben «Klassikern», auf die im Text Bezug genommen wurde, sind Monographien und Sammelbände aufgeführt, die dem interessierten Laien einen breiten Einblick geben und umfassende Hinweise auf weitere Literatur enthalten. Aus den Buchtiteln ist jeweils ersichtlich, ob der inhaltliche Schwerpunkt auf der Philosophie oder Geschichte der Physik liegt oder auf der Physik selbst.

Albert, D. Z. (1992): Quantum Mechanics and Experience. Harvard University Press, Cambridge (Mass.).

Archimedes (2009): Abhandlungen (= Ostwalds Klassiker der exakten Wissenschaften, Band 201). H. Deutsch, Frankfurt a. M.

Aristoteles (1987): Physik – Vorlesungen über die Natur (2 Bände; griech.-dt.). Meiner, Hamburg.

Aristoteles (1989): Metaphysik (2 Bände; griech.-dt.). Meiner, Hamburg.

Batterman, R. (Hg.) (2013): The Oxford Handbook of Philosophy of Physics. Oxford University Press, Oxford.

Bitbol, M., Kerzberg, P., und Petitot, J. (Hg.) (2009): Constituting Objectivity: Transcendental Approaches of Modern Physics. Springer, Dordrecht.

Brading, K., und Castellani, E. (Hg.) (2010): Symmetries in Physics: Philosophical Reflections. Cambridge University Press, Cambridge.

Cao, T. Y. (1996): Conceptual Developments of 20th Century Field Theories. Cambridge University Press, Cambridge.

Cassirer, E. ([1910] 1994): Substanzbegriff und Funktionsbegriff. Wissenschaftliche Buchgesellschaft, Darmstadt.

Cassirer, E. ([1921] 1957a): Zur Einsteinschen Relativitätstheorie. In: ders., Zur modernen Physik. Bruno Cassirer, Oxford, S. 1–125.

Cassirer, E. ([1937] 1957b): Determinismus und Indeterminismus in der modernen Physik. In: ders., Zur modernen Physik. Bruno Cassirer, Oxford, S. 127–376.

Debs, T., und Redhead, M. (2007): Objectivity, Invariance, and Convention. Symmetry in Physical Science. Harvard University Press, Cambridge (Mass.).

Descartes, R. ([1644] 1992): Prinzipien der Philosophie. Meiner, Hamburg.

Domski, M., und Dickson, M. (2010): Discourse on a New Method: Reinvigorating the Marriage of History and Philosophy of Science. Open Court, Chicago/La Salle.

Dosch, H. G. (2005): Jenseits der Nanowelt. Springer, Heidelberg.

Dosch, H. G., Müller, V. F., und Sieroka, N. (2005): Quantum Field Theory in a Semiotic Perspective. Springer, Heidelberg.

Duhem, P. ([1906] 1998): Ziel und Struktur der physikalischen Theorien. Meiner, Hamburg.

Esfeld, M. (Hg.) (2012): Philosophie der Physik. Suhrkamp, Frankfurt a. M.

Farrington, B. (1953): Greek Science – Its Meaning for Us. Penguin, London.

Friedman, M. (2001): Dynamics of Reason. CSLI Publications, Stanford.

Galilei, G. ([1623] 2008): Il Saggiatore. Feltrinelli, Mailand.

Galilei, G. ([1638] 1917): Unterredungen und mathematische Demonstrationen über zwei neue Wissenszweige, die Mechanik und die Fallgesetze betreffend [= Discorsi]. Engelmann, Leipzig.

Galison, P. (2003): Einsteins Uhren, Poincarés Karten – Die Arbeit an der Ordnung der Zeit. Fischer, Frankfurt a. M.

Giulini, D. et al. (Hg.) (1996): Decoherence and the Appearance of a Classical World in Quantum Theory. Springer, Berlin/Heidelberg.

Goodman, N. (1990): Weisen der Welterzeugung. Suhrkamp, Frankfurt a. M.

Greene, B. (2005): Das elegante Universum. Goldmann, München.

Hacking, I. (1996): Einführung in die Philosophie der Naturwissenschaften. Reclam, Stuttgart.

Hampe, M. (2007): Eine kleine Geschichte des Naturgesetzbegriffs. Suhrkamp, Frankfurt a. M.

Heidelberger, M., und Steinle, F. (1998): Experimental Essays – Versuche zum Experiment. Nomos, Baden-Baden.

Hertz, H. (1892): Untersuchungen uber die Ausbreitung der elektrischen Kraft (= Gesammelte Werke, Band 2). Barth, Leipzig.

Hertz, H. ([1894] 1996): Die Prinzipien der Mechanik in neuem Zusammenhange dargestellt. Harri Deutsch, Frankfurt a. M.

Kepler, J. ([1596] 1937): Mysterium Cosmographicum (= Gesammelte Werke, Band 1). Beck, München.

Kepler, J. ([1609] 1937): Astronomia Nova. (= Gesammelte Werke, Band 3). Beck, München.

Kiefer, C. (2012): Quantum Gravity. Oxford University Press, Oxford.

Kirk, G. S., Raven, J. E. (1957): The Presocratic Philosophers. Cambridge University Press, Cambridge.

Kuhn, T. S. ([1962] 1996): Die Struktur wissenschaftlicher Revolutionen. Suhrkamp, Frankfurt a. M.

Laughlin, R. B. (2007): Abschied von der Weltformel: Die Neuerfindung der Physik. Piper, München.

Leibniz, G. W. ([1695] 1982): Specimen Dynamicum (lat.-dt.). Meiner, Hamburg.

Leibniz, G. W. (1875–1890): Die Philosophischen Schriften von Gottfried Wilhelm Leibniz (7 Bände). Hg. von C. I. Gerhardt. Weidmann, Berlin.

Lloyd, G. E. R. (1970): Early Greek Science: Thales to Aristotle. Chatto & Windus, London.

Lloyd, G. E. R. (2004): Ancient Worlds, Modern Reflections: Philosophical Perspectives on Greek and Chinese Science and Culture. Oxford University Press, Oxford.

Mansfeld, J. (1983): Die Vorsokratiker (2 Bände). Reclam, Stuttgart.

Newton, I. ([1687] 1988): Mathematische Grundlagen der Naturphilosophie: Philosophiae Naturalis Principia Mathematica. Meiner, Hamburg.

Omnès, R. (1999): Understanding Quantum Mechanics. Princeton University Press, Princeton.

Platon (1992): Timaios (griech.-dt.). Meiner, Hamburg.

Poincaré, H. ([1902] 2003a): Wissenschaft und Hypothese. Xenomoi, Berlin.

Poincaré, H. ([1905] 2003b): Der Wert der Wissenschaft. Xenomoi, Berlin.

Popper, K. (1934): Die Logik der Forschung – Zur Erkenntnistheorie der modernen Naturwissenschaft. Springer, Wien.

O'Raifeartaigh, L. (1997): The Dawning of Gauge Theory. Princeton University Press, Princeton.

Russo, L. (2005): Die vergessene Revolution oder die Wiedergeburt des antiken Wissens. Springer, Berlin.

Ryckman, T. (2005): The Reign of Relativity: Philosophy in Physics 1915–1925. Oxford University Press, Oxford.

Schadewaldt, W. (1978): Die Anfänge der Philosophie bei den Griechen. Suhrkamp, Frankfurt a. M.

Scheibe, E. (2006): Die Philosophie der Physiker. Beck, München.

Schweber, S. (1994): QED and the Men Who Made It: Dyson, Schwinger, Feynman and Tomonaga. Princeton University Press, Princeton.

Shapin, S. (1998): Die wissenschaftliche Revolution. Fischer, Frankfurt a. M.

Shapin, S., und Schaffer, S. (1985): Leviathan and the Air-Pump – Hobbes, Boyle, and the Experimental Life. Princeton University Press, Princeton.

Sieroka, N. (2010): Umgebungen – Symbolischer Konstruktivismus im Anschluss an Hermann Weyl und Fritz Medicus. Chronos, Zürich.

Smolin, L. (2009): Die Zukunft der Physik: Probleme der String-Theorie und wie es weitergeht. dva, München.

Steinle, F. (2005): Explorative Experimente – Ampère, Faraday und die Ursprünge der Elektrodynamik. Steiner, Stuttgart.

Tetens, H. (2013): Wissenschaftstheorie – Eine Einführung. Beck, München.

Veltman, M. (2003): Facts and Mysteries in Elementary Particle Physics. World Scientific, Singapur.

Weinberg, S. (1972): Gravitation and Cosmology. Wiley, New York.

Weinberg, S. (1993): Der Traum von der Einheit des Universums. Goldmann, München.

Weizsäcker, C. F. von (1988): Aufbau der Physik. dtv, München.

Weyl, H. (1927): Philosophie der Mathematik und Naturwissenschaft. Oldenbourg, München.

Weyl, H. (1952): Symmetry. Princeton University Press, Princeton.

Anmerkungen

1 Die Kraft zwischen zwei Körpern der Masse m und M, die im Abstand r voneinander sind, beträgt $F = G \cdot m \cdot M/r^2$; mit Gravitationskonstante G. Der Zusammenhang zum dritten Keplerschen Gesetz – wonach $\frac{a^3}{T^2}$ für sämtliche Planeten den gleichen Wert annimmt (S. o.) – ergibt sich, wenn man für M die Sonnenmasse (mit $M >> m$) einsetzt. Denn dann folgt: $GM/(4\pi^2) = r^3/T^2$.

2 So waren in seinem Ansatz beispielsweise die (Absolutwerte der) Potentiale nicht mehr nur Hilfsgrößen, sondern physikalisch relevante Grundgrößen. Doch das steht im Widerspruch zu dem allgemeinen Befund, dass in (klassischen) Theorien die Felder, und eben nicht die Potentiale, die empirisch relevanten und messbaren Grundgrößen sind.

3 Das heißt nicht, dass es nicht auch bei kontinuierlichen Feldtheorien diskrete Resultate (Spektren) gibt. Möglich ist dies – und das ist einmal mehr eine Illustration für die zunehmende Unanschaulichkeit im Zuge der Mathematisierung der Physik – aufgrund topologischer Ladungen und diskreter Eigenwertstrukturen. Nichtsdestotrotz schien es aber um 1920 aussichtslos, den zahlreichen diskreten Grundgrößen bei Ladungen, Massen usw. mittels einer einheitlichen Feldtheorie Rechnung tragen zu können.

4 Die abgeschwächte Formulierung «in *fast* allen Experimenten» ergibt sich aufgrund der Unsicherheiten, die insbesondere bezüglich der endlichen Neutrinomassen bestehen. Auch habe ich, was die Vereinheitlichungsleistung betrifft, keine stärkere Formulierung als «sehr beachtlich» gewählt, da Kritiker in diesem Zusammenhang gerne auf die hohe Anzahl der freien Parameter des Standardmodells hinweisen.

5 In der Quantenfeldtheorie werden keine Längen von Vektoren «geeicht», sondern die Phasen von Wellenfunktionen.

6 Mögliche Kriterien, wie sie im Kontext von Experimenten oft angewandt werden, sind die Lebensdauer und die Manipulierbarkeit. Im Unterschied dazu ist die Existenz eines wohldefinierten Wertes für die invariante Masse ein Kriterium, das vor allem theoretisch sehr sinnvoll ist. Für den subatomaren Bereich hat es allerdings die unschöne Konsequenz, dass streng genommen nur noch Elektron und Proton als «Teilchen» gelten würden.

7 Tatsächlich gehören zur Stringtheorie auch feldtheoretische Beschreibungen (insbesondere in Form einer Behandlung als zweidimensionale konforme Feldtheorie). Doch erschöpfen diese Beschreibungen nicht das methodische Arsenal der Stringtheorie.

8 Mit «Facetten» sind hier axiomatische, konstruktivistische, lokale und perturbative Quantenfeldtheorie sowie die Gittereichtheorie gemeint. Was die «Unwägbarkeiten» betrifft, so taugt beispielsweise der axiomatische Ansatz, der erfolgreich einen allgemein Theorierahmen liefert, kaum etwas zur Behandlung konkreter Streuprozesse; und beispielsweise die Gittereichtheorie, mit der sich als einzige Facette die Massen von Proton und Neutron befriedigend herleiten lassen, geht von der (unplausiblen) Annahme aus, unsere Raumzeit sei kein Kontinuum, sondern eben eine Art Gitter.

9 Der Übergang von der Allgemeinen zur Speziellen Relativitätstheorie ergibt sich über das starke Äquivalenzprinzip, d. h. wenn die Raumzeit als lokal flach angenommen wird. Der Übergang von der relativistischen zur klassischen Mechanik ergibt sich insbesondere über den Energiebegriff: Gemäß der relativistischen Mechanik ist die Energie E eines Teilchens mit Masse m, das sich mit Geschwindigkeit v bewegt, gegeben durch: $E = mc^2 / \sqrt{1 - \frac{v^2}{c^2}}$, wobei c die Lichtgeschwindigkeit ist. Um nun den Grenzübergang zum Phänomenenbereich der klassischen Mechanik zu ermöglichen, wird angenommen, die Geschwindigkeit v des Teilchens sei sehr klein im Vergleich zur Lichtgeschwindigkeit: $v \ll c$. Somit kann der obige Ausdruck für E mittels einer Taylorentwicklung nach $\frac{v^2}{c^2}$ angenähert werden, und es ergibt sich: $E \approx mc^2 + \frac{1}{2} mv^2$, wobei der erste Summand die relativistische Ruheenergie markiert und der zweite die kinetische Energie, wie sie aus der Newtonschen Mechanik bekannt ist.

10 Im Hamilton-Formalismus lauten die dynamischen Grundgleichungen der klassischen Mechanik wie folgt: $\dot{x}_j = \{x_j, H\}$; $\dot{p}_j = \{p_j, H\}$; $\{x_k, p_j\} = \delta_{kj}$. Die ersten beiden Gleichungen geben die zeitliche Veränderung (markiert durch den Hochpunkt) des Ortes x bzw. des Impulses p eines Teilchens jeweils in Raumrichtung j an. H ist die Gesamtenergie des betrachteten Systems, und bei den geschweiften Klammern handelt es sich um sogenannte «Poissonklammern», die wie folgt definiert sind: $\{u, v\} = \sum_{k=1}^{3} \left(\frac{\partial u}{\partial x_k} \frac{\partial v}{\partial p_k} - \frac{\partial v}{\partial x_k} \frac{\partial u}{\partial p_k} \right)$, mit den drei Raumrichtungen $k=1,2,3$. Ersetzt man nun die Poissonklammer durch einen Kommutator, der definiert ist als: $[u, v] = uv - vu$, so lassen sich die dynamischen Grundgleichungen der Quantenmechanik in vollkommen analoger Weise schreiben als: $\dot{x}_j = [x_j, H]$; $\dot{p}_j = [p_j, H]$; $[x_k, p_j] = i\hbar \delta_{kj}$. (Da es sich bei quantenmechanischem Ort und Impuls, wie erwähnt, um Operatoren handelt, beziehen sich diese Ausdrücke jeweils auf eine Anwendung auf Funktionen.)

11 Für die analoge Formulierung der dynamischen Grundgleichungen in der Quantenfeldtheorie ist Folgendes zu beachten: Nicht mehr Ort und Impuls eines Teilchens sind die dynamischen Grundgrößen, sondern ein Feld $\varphi(\vec{x}, t)$ und dessen adjungiertes Feld $\pi(\vec{y}, t)$, die beide für jeden Zeitpunkt t an jedem Punkt $\vec{x}$ des dreidimensionalen Raums definiert sind. (Das adjungierte Feld ergibt sich ebenfalls durch eine formale Analogieforderung: Feld und adjungiertes Feld sollen sich so zueinander

verhalten wie Ort und Impuls – genauer: Es handelt sich jeweils um kanonisch konjugierte Variablen.) Die dynamischen Grundgleichungen nehmen damit erneut ihre gewohnte Gestalt an: $\dot{\varphi}(\vec{x}, t) = [\varphi(\vec{x}, t), H]$; $\dot{\pi}(\vec{x}, t) = [\pi(\vec{x}, t), H]$; $[\varphi(\vec{x}, t), \pi(\vec{y}, t)] = i\hbar\delta^{(3)}(\vec{x} - \vec{y})$.

12 In der klassischen Mechanik gilt für die zeitliche Entwicklung des Dichteoperators ρ: $\frac{\partial \rho}{\partial t} = \{H, \rho\}$ (Liouville-Gleichung). Hier ergibt sich wiederum ein strukturanaloger Ausdruck für die Quantenmechanik, wenn man die Poissonklammer durch den Kommutator ersetzt. Denn dort gilt: $\frac{\partial \rho}{\partial t} = -\frac{i}{\hbar}[H, \rho]$ (von-Neumann-Gleichung).

13 Diese Analogie zwischen klassischer Mechanik und Elektrodynamik folgt über die Kontinuitätsgleichung: $\frac{\partial \rho(\vec{x}, t)}{\partial t} + \nabla\vec{j}(\vec{x}, t) = 0$. Die beiden Terme auf der linken Seite besagen – einmal verstanden als Beschreibung der Teilchendichte und einmal verstanden als Beschreibung einer Ladungsdichte –, dass in einem bestimmten Volumen eine zeitliche Änderung der Dichte ($\frac{\partial \rho}{\partial t}$) immer den Zustrom oder Abfluss ($\nabla\vec{j}$) von Teilchen bzw. Ladungen bedeutet. Übrigens gilt eine völlig analoge Kontinuitätsgleichung auch in der Quantenmechanik, bezieht sich dort allerdings auf Wahrscheinlichkeitsdichten (statt auf Teilchen- oder Ladungsdichten).

14 Es gibt keine allgemeinen und strikt formalisierten Übergange zwischen Gittereichtheorie, axiomatischer, konstruktivistischer, lokaler und perturbativer Quantenfeldtheorie. Allerdings treten *innerhalb* der perturbativen Quantenfeldtheorie Reduktionismen in systematischer Weise auf. Denn man kann hier Theorien entlang einer mathematischen Störungsreihe entwickeln und – je nachdem, wie exakt man das Verhalten eines physikalischen Systems untersuchen möchte – dabei die Betrachtung auf die (ge)wichtigsten Beiträge beschränken. Dies führt zu sogenannten «effektiven Feldtheorien», deren berühmtestes Beispiel wohl die Fermi-Theorie für die schwache Wechselwirkung ist.

15 Das Stichwort hier lautet «Dekohärenz». Sie beschreibt die Wechselwirkung eines Quantensystems mit seiner Umgebung, bei der sich in aller Regel die Amplituden (und damit die Auftretenswahrscheinlichkeiten) kohärenter Zustände sehr schnell und stark verkleinern. Das hat zur Folge, dass im makroskopischen Bereich unter normalen Bedingungen üblicherweise keine Überlagerungszustände beobachtet werden. – Was damit allerdings nicht unmittelbar gelöst wird, ist das sogenannte «Messproblem», bei dem es um die konkrete Dynamik geht, mit dem ein System in einen einzelnen bestimmten Zustand übergeht.

16 Ganz ähnlich interpretiert Friedman die Verhältnisse bei der Allgemeinen Relativitätstheorie: Der mathematische Formalismus sei hier gegeben durch die Differentialgeometrie. Diese bilde die Voraussetzung für die Formulierung des physikalischen Prinzips, was in diesem konkreten Fall das schwache Äquivalenzprinzip meint. Dieses Prinzip wiederum sei die Voraussetzung für die Formulierung von konkreten Naturgesetzen – hier also der Einsteinschen Feldgleichungen.

17 Laut dem Prinzip der kleinsten Wirkung verläuft die Entwicklung eines

physikalischen Systems zwischen einer gegebenen Ausgangs- und End-lage so, dass ein bestimmtes Integral (nämlich das der Wirkung, deren Einheit Energie mal Zeit ist) extremal wird. Hieraus ergeben sich die Euler-Lagrange-Gleichungen und daraus wiederum ein Gleichungssystem, dessen Lösung zu den Bewegungsgleichungen des physikalischen Systems führt. Die Darstellung in diesem Lagrange-Formalismus kann zudem über eine sogenannte «Legendre-Transformation» direkt in eine Darstellung im Hamiltonformalismus überführt werden. – Das entspricht formal letztlich einem Wechsel zwischen zweck- und wirkursächlicher Beschreibung.

18 Gemeint sind hier Hadronen, die aus Quarks bestehen, und Gluonen. Ihre Klassifizierung erfolgte über die spezielle unitäre Gruppe *SU(3)*.

Personenregister

C.H.BECK ■ WISSEN

Zuletzt erschienen: